U0629615

Dinosaur From　Mountain City

Enter Chongqing Dinosaur World

山城龙迹
走进重庆恐龙世界

代　辉　胡旭峰　余海东　熊　璨◎著

科学出版社

北　京

图书在版编目（CIP）数据

山城龙迹：走进重庆恐龙世界 / 代辉等著. —北京：科学
出版社，2019.5
ISBN 978-7-03-061039-3

Ⅰ. ①山… Ⅱ. ①代… Ⅲ. ①恐龙－普及读物 Ⅳ.
①Q915.864-49

中国版本图书馆CIP数据核字（2019）第070723号

责任编辑：田慧莹　吴春花／责任校对：韩杨
插画绘制：张宗达　王子晗
责任印制：赵　博／封面设计：有道文化
排版设计：北京美光设计制版有限公司
编辑部电话：010-64035853
E-mail:houjunlin@mail.sciencep.com

科 学 出 版 社 出版
北京东黄城根北街16号
邮政编码：100717
http://www.sciencep.com

北京建宏印刷有限公司印刷
科学出版社发行　各地新华书店经销

＊

2019 年 5 月第 一 版　开本：720×1000　1/16
2024 年 9 月第二次印刷　印张：8
字数：120 000

定价：48.00 元
（如有印装质量问题，我社负责调换）

序

　　中国是世界首屈一指的"恐龙大国"，重庆更被誉为一座"建在恐龙脊背上的城市"。1957 年首次在合川发现恐龙化石以来，目前全重庆已有将近 2/3 的区（县）相继发现恐龙化石，其中不少是享誉世界的"明星恐龙"：如当时亚洲最大、保存最完整的恐龙之一，有"东方巨龙"之称的合川马门溪龙；目前亚洲最完整的大型肉食性恐龙之一——上游永川龙；世界级的侏罗纪恐龙化石产地云阳普安恐龙化石动物群……

　　我们衷心感谢古生物化石保护工作者，正是他们的无私奉献和默默坚守，才奠定了重庆在我国乃至世界恐龙化石研究中的重要地位。我也很欣喜地看到，重庆市地质矿产勘查开发局 208 水文地质工程地质队创作《山城龙迹：走进重庆恐龙世界》一书，其以时间轴为线索，用通俗的语言、精美的图片，完整勾勒出恐龙的起源、演化和灭绝过程，特别是聚焦重庆独有的"明星恐龙"，图文并茂、点面结合，生动地诉说了重庆的恐龙传奇，为我们开启了一段奇幻惊险、恢宏磅礴的侏罗纪公园之旅。

　　抚今追昔，感慨万千。恐龙曾经主宰地球超过 1.6 亿年之久，却在约 6600 万年前突然灭绝了，尽管原因尚无定论，但目前的基本共识是与当时的环境剧变有关。而今，人类才走过几百万年的历程，如何实现永续发展值得深思。党的十九大报告提出"坚持人与自然和谐共生"的基本方略，为建设美丽中国指明了方向。让我们增强人与自然是生命共同体的意识，尊重自然、顺应自然、保护自然，坚定走生产发展、生活富裕、生态良好的文明发展道路，努力守护好我们的地球家园。

董建国

重庆市规划和自然资源局党组书记、局长

2018 年 10 月

前　言

　　恐龙，亿万年前地球的霸主，呼啸天地，却在人类诞生的数千万年前遭遇灭顶之灾，留下残骸断片作为生命的证据供后来者探寻。从始盗龙睁开双眼的第一个清晨，到三角龙对这个世界最后的匆匆一瞥，在地球上生存了超过1.6亿年的这批动物让人深深地着迷。为了还原出这些已然绝迹的远古动物的模样，古生物学者"识骨寻踪"，围绕恐龙化石展开详细研究，一窥关于恐龙及其生活的真实形态。

　　重庆——自古以来不乏"龙迹"的神秘山城，大大小小的"龙地名"星罗棋布，望龙门、龙门浩、九龙坡等当地人耳熟能详的"龙地儿"，无不诉说着山城绚丽多彩的"寻龙记"。1957年，重庆合川发现著名的合川马门溪龙化石，合川马门溪龙是当时亚洲最大的恐龙，我国最著名的恐龙之一；1976年，重庆永川发现上游永川龙化石，永川龙是我国当时已知最完整的大型肉食性恐龙之一；2003年，重庆綦江发现恐龙足迹化石，其中就保存有我国目前最精美的鸭嘴龙足迹群；2015年，重庆云阳发现世界级恐龙化石群，分布范围达数十平方公里……

　　重庆拥有丰富的恐龙化石资源，近年来重庆市规划和自然资源局也高度重视古生物化石的监督管理，在恐龙化石调查、发掘、研究和保护方面取得了一系列重要成果。目前，我们搜集了重庆地区的恐龙化石线索和研究成果并进行系统整理，结合近几年的一些新发现，从科普的角度将重庆地区恐龙的情况呈现给大家。

　　本书分为四章，第一章为恐龙的起源，主要介绍读者普遍比较感兴趣的恐龙知识和话题，包括恐龙从哪里来？为什么叫恐龙？珍贵的恐龙化石。第二章为恐龙大灭绝，系统地展示了神秘的恐龙世界，揭示了恐龙灭绝之谜。第三章为重庆恐龙传奇，以化石形成时间轴为线索详述重庆地区发现的代表性恐龙化石。第二章和第三章为本书的重点部分。第四章为"砥砺前行"的恐龙世界，总结中国恐龙研究现状，列举近年来关于恐龙研究的重大发现，启示读者对恐龙进行进一步畅想。

本书是在重庆市规划和自然资源局的支持下编撰完成的，兹以本书献给那些热爱、关心恐龙的人们，以及为重庆恐龙事业做出贡献的人们。感谢徐星、彭光照、魏光飚、邢立达、江山等学者在本书撰写过程中提供的指导，感谢张宗达为本书绘制的精美复原图，以及众多关心、支持和帮助本书编撰和出版的人。限于资料搜集难度和本人水平，书中难免有疏漏之处，还望读者予以谅解并多多指教。

代　辉

2019 年 1 月

目　录

第一章

恐龙的起源

我们的世界有着众多神奇的动物。深潜大海的蓝鲸和鲨鱼、奔腾在广袤大地上的狮子和大象、翱翔天空的雄鹰和蝙蝠，以及各种各样的鱼类、昆虫和鸟类。但是，科学研究告诉我们，这些动物仅仅是数十亿年地球生命之树上很小的分支。现生的动物或许已经非常精彩，但丰富的化石记录向我们展示了远古时期更大、更强和更神奇的一类动物，它们就是恐龙。

第一节　恐龙从哪里来？

大约 46 亿年以前，我们赖以生存的地球开始形成，此时还没有生命出现。恐龙的时代离我们非常遥远，那么恐龙会不会是地球上出现的第一批生物呢？其实早在恐龙出现之前，地球上的生物就已生活了 30 多亿年，目前发现最早的生命记录是距今约 34.5 亿年的蓝细菌。人们一般把漫长的地球历史用"地质年代"来表示，如我们常说恐龙生活在侏罗纪（图 1-1）。

最早的生命来自海洋，也就是说最初生命是在水中的，那么，是什么让恐龙和人类能够在陆地上生存呢？羊膜卵的出现，让这些生命摆脱了水环境的限制，这是脊椎动物进化史上的一个里程碑，因此不管是恐龙还是人类，都可以统称为羊膜动物。羊膜动物可以简单地分为蜥形纲和合弓纲两支，如果觉得拗口可以只记住这两支中的代表，即蜥形纲中的恐龙和合弓纲中的人类。

3 亿多年前的石炭纪晚期，在巨大的昆虫还未消失的蕨类森林中，在两栖动物比鳄鱼还大的淡水河边，两种小型的、不起眼的动物进化出来，它们来自不同的两栖类祖先，因此一开始就走了两种完

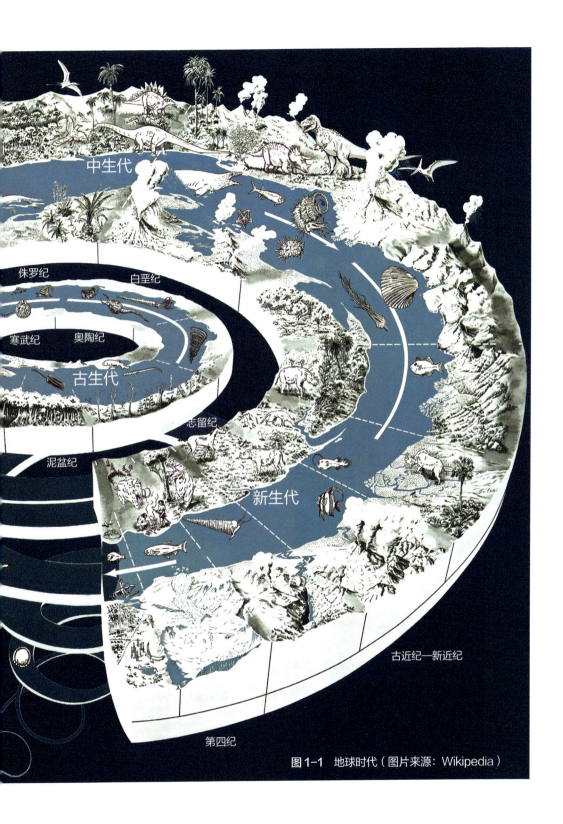

中生代

侏罗纪　　白垩纪

寒武纪　　奥陶纪

古生代

志留纪

泥盆纪

新生代

古近纪—新近纪

第四纪

图1-1　地球时代（图片来源：Wikipedia）

全不同的路线。其中一种叫作始祖单弓兽（图1-2）的动物成为日后似哺乳类爬行动物及新生代所有胎生哺乳动物的祖先；另一种形似小蜥蜴的生物叫作林蜥（图1-3），其后裔统治了地球近2亿年，包括空中翼展超过11米的风神翼龙、大地上体重超过100吨的阿根廷龙、海里能和蓝鲸比肩的巨型鱼龙，也就是说林蜥是恐龙的祖先。

时间再往后推，距今2.3亿年左右的三叠纪晚期出现了最早的恐龙——始盗龙（图1-4），它是最早、最原始的恐龙之一。1991年，始盗龙化石首次发现于南美洲阿根廷，这是一种体长约1米、头骨仅12厘米，靠后肢两足行走的兽脚类恐龙。编号为PVSJ 512的模式标本于1993年被古生物学家命名为月亮谷始盗龙（*Eoraptor lunensis*）。与始盗龙同一时期出现的恐龙还有埃雷拉龙与南十字龙等。我们把三叠纪晚期至早侏罗世这一段时间称为恐龙时代的黎明，这一时期除了上面提到的肉食性兽脚类恐龙外，著名的植食性恐龙还有欧洲

图1-2　始祖单弓兽（王子晗绘图）

的板龙、非洲的兀龙及中国云南的禄丰龙，它们体长6～9米，属于基干蜥脚型类，一度被认为是侏罗纪时期大型蜥脚类恐龙的前身。

再往后就是大家最熟悉的恐龙时代了。侏罗纪到白垩纪，恐龙迅速在地球上占领它们的领地，开始了长达1亿多年的统治。

图1-3　林蜥（王子晗绘图）

图1-4　始盗龙（王子晗绘图）

第二节　为什么叫恐龙？

　　"恐龙"是一个古老而又新颖的名词。说它"古老"，是因为我们研究的恐龙是一种生活于距今2.3亿～0.66亿年前的远古生物；说它"新颖"，是因为"恐龙"这个词直到1841年才创造出来，迄今还不到200年。

　　最早发现的恐龙化石属于禽龙类。1822年3月，英国刘易斯小镇，曼特尔的妻子玛丽安在整理矿场矿工送来的矿石时，在这堆含有小骨头的矿石中，发现了第一块恐龙化石，从而拉开了恐龙发现和研究历史的帷幕。1825年，曼特尔在一座博物馆中遇到了古生物学家斯塔奇伯里。斯塔奇伯里看过曼特尔发现的牙齿化石后说："这和我正在研究的南美洲鬣蜥的牙齿好像差不多。"一语惊醒梦中人，于是曼特尔给自己发现的动物取名为禽龙（*Iguanodon*）（图1-5），意为"鬣蜥的牙齿"，这比"Dinosauria"（恐龙类）一词的出现还要早16年，但是它还不是第一只被命名的恐龙。

　　最早被命名的恐龙是巨齿龙（图1-6）。

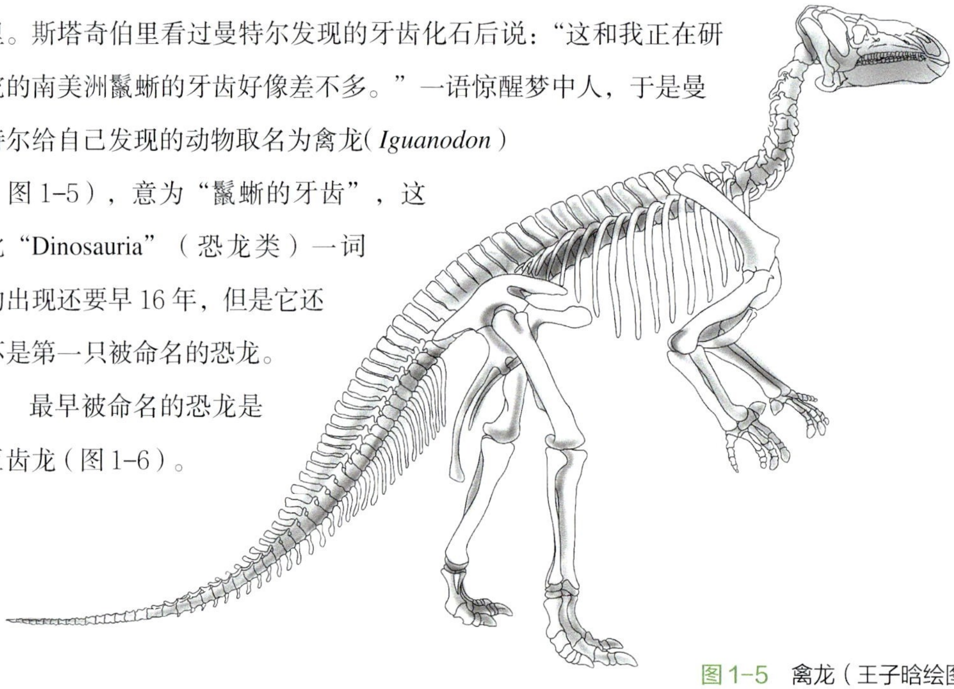

图1-5　禽龙（王子晗绘图）

1824 年，英国矿物学家巴克兰根据一个脊椎动物的下颌骨命名了巨齿龙（*Megalosaurus*），并描述：它既不是鳄鱼，也不是蜥蜴。它长达 10 米以上，远比一般的蜥蜴巨大，体积相当于一头 7 英尺[①]高的大象。

在曼特尔和巴克兰前无古人的研究后，恐龙开始被揭开神秘的面纱。1841 年 7 月 30 日，英国古生物学家欧文在普利茅斯大学的一次演讲中，把这些奇怪的动物命名为"Dinosauria"，并在 1842 年将其写进《英国化石爬行动物》一书。"Dinosauria"，原意来自希腊文"Deinos"（巨大的、恐怖的）和"Sauros"（类似于蜥蜴的爬行动物）。

"Dinosauria"这个词很快传播到全世界。日本是最早接触到"Dinosauria"的东方国家，不过却出现了两种不同的翻译："恐竜"与"恐蜥"。这两种翻译在静冈大学文学部的荒川纮教授处得到统一，他在《竜的起源》等著作中指出，"蜥蜴太过于贫弱，竜则给人以心理上的震撼，所以恐竜的译法更合适"。把"竜"字刨根问底：龟氏为帝，则为帝龟，二字合文作"竜"，发音又同"龙"。于是后来，我国地学界一代宗师章鸿钊先生就把日文"恐竜"一词衍生翻译为"恐龙"，恐龙的名字就这样传播开来。

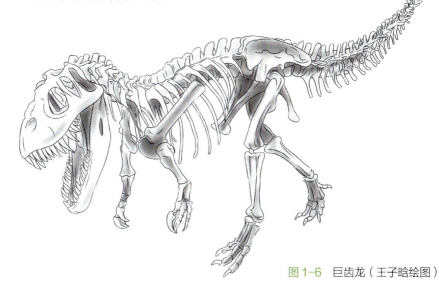

图 1-6　巨齿龙（王子晗绘图）

———————————

① 　1 英尺 ≈ 0.3048 米。

第三节　珍贵的恐龙化石

　　当动物死亡之后，尸体会慢慢腐烂或者被别的动物吃掉，随着时间的推移，骨头也会渐渐消失。但并不是所有的动物骨骼都是这样的结局，还有极少数动物骨骼会变成化石。注意，只有极少数！据古生物学家统计，可能1万个古代生物中，只有1个个体的骨骼有机会变成化石。化石让我们一窥昔日地球的千姿百态，没有化石，我们将永远无法知晓那些曾经在地球生活过的神奇生物。那么，一只体形巨大的恐龙是怎样变成我们目前在博物馆看到的那些骨架的呢？

　　要成为化石，恐龙首先需要选择好它们死亡的地方。因为恐龙死亡后，必须很快被细腻的沙粒、泥土、泥浆或者火山灰所掩埋，这些细小的颗粒能在恐龙遗骸表面形成一层柔软的保护膜，使其免受食腐动物的袭击，同时也将氧气隔离在外，使得微生物很难以常规的途径将遗骸分解掉。数千年的漫长岁月中，被掩埋的遗骸中的无机物经常会溶解再结晶，矿物质不断渗透到骨松质的细微孔隙中，随着覆盖在上面的沉积物硬化为岩石，这些骨骼也就变成化石，而肌肉、内脏与其他软组织只有在极端的情况下才能保存下来。在地球板块运动的作用下，化石所在的岩层不断被挤向地表，这些化石才能逐渐暴露出来被人发现。

其实很多化石都是人类在开山凿石的工程建设中发现的，这就是为什么过去的几十年中在重庆主城多处发现了恐龙化石，而开发程度较低的渝东南、渝东北地区发现恐龙化石的点就很少，其实并不是没有，只是还没被发现。还有一个有趣的事实，在发现的化石中，非专业人士意外发现的比例竟占到 80% 以上。

下面我们就来看看一只恐龙是怎样变成化石，又如何被古生物学家发现的（图 1-7）。

死亡：这只霸王龙由于某些原因死亡，并且比较幸运的是没有被食腐动物肢解。

掩埋：皮肤、肌肉和内脏等软组织渐渐腐烂，还没有等到骨骼完全分解或者风化，洪水带来的大量泥沙就将尸体掩埋。

埋藏：数千万年的反复沉积将恐龙尸体埋藏得越来越深，在防止骨骼氧化的同时为其提供了合适的温度和压力，沉积物中的矿物质不断渗透到骨骼中的细微孔隙中。随着包裹骨骼的地面硬化为岩石，这些矿物质便将恐龙骨骼变成化石。

图1-7　恐龙化石的形成和发现（王子晗绘图）

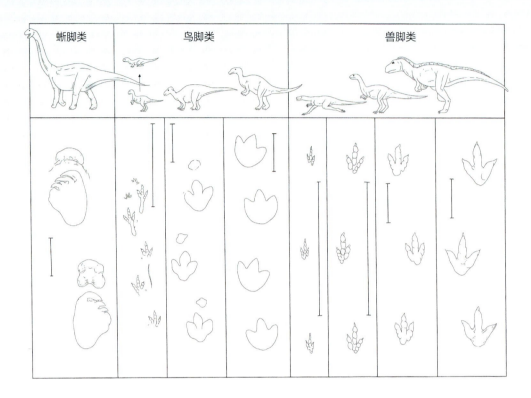

蜥脚类	鸟脚类	兽脚类		

图 1-8　不同类型的恐龙足迹（王子晗绘图）

暴露：随着地壳运动，包含恐龙化石的地层抬升，围岩崩塌导致部分恐龙化石露出而被古生物学家发现。

说起恐龙化石，大家一般都只会想到恐龙骨骼化石，其实恐龙给我们留下的化石除了骨骼这种实体化石外，还有足迹（图1-8）、蛋和粪便这些遗迹化石。当然，随着科学技术的发展，一些软组织化石也被发现。

研究恐龙蛋化石（图1-9）可以探讨恐龙

图 1-9　恐龙蛋化石（李柒摄）

图 1-10　蜥脚类恐龙足迹化石（代辉摄）

的习性、繁衍行为和演化进程；粪便化石可以让我们知道恐龙的食性，吃肉还是吃素；恐龙足迹化石（图 1-10）保存的是恐龙在日常生活中的精彩一瞬，不仅能反映恐龙日常的生活习性、行为方式，还能解释恐龙与其所处环境的关系，这些都是古生物学家进行研究所需的宝贵信息。

第二章
恐龙大灭绝

　　从起源到大灭绝，恐龙统治地球 1.6 亿余年，漫长的岁月里，它们演化出了形态大小各异的众多类型。古生物工作者找到恐龙化石，通过发掘、清理、修复和装架等工作，只为能窥得关于恐龙真实生活的一丝真相。大约 6600 万年前的白垩纪末期，恐龙几乎消失殆尽，唯有鸟类逃过一劫。大量其他动物也和它们一起走上末路，包括海龙和翼龙。当我们走在那些消失于 6600 万年前的生物曾经生活过的地方，触摸着它们曾经留下的印记，不得不对包容一切的大自然和能抚平所有痕迹的时间充满敬畏。

第一节　神秘的恐龙世界

　　很多人都是年幼时在电影中（图 2-1）、画册上或者博物馆中看到恐龙后被这种巨型动物深深迷住的。恐龙化石最初都被保存在岩石中，那么，它们是通过什么方式展现到我们面前的呢？

　　首先是充满信念和激情的团队将骨骼发掘出来。发掘者通常都是先找到一小块化石露头（当然很多都是得到别人发现并报送的消息），然后在露头周围徘徊，寻找更多的化石露头。这些化石露头可能是肢骨的一部分或者肋骨从山坡斜面上伸出的一部分。发掘者会尝试根据这些露头估计化石的类型、大小及保存状态，以便他们规划发掘方案。

　　发掘像恐龙这样的大型脊椎动物化石是一项辛苦而费钱的工作。岩石

图 2-1　电影《侏罗纪世界 2》剧照

覆盖在化石上，覆盖层一般使用大型机械进行清除，一旦清除到化石层上方时，就需改用小型电钻、镐和锤等进行工作。发掘化石时更要小心细致，用得最多的工具为锤和钻子，时不时还要用针和刷子清理骨骼，并用胶水等固化液进行保护

图2-2　恐龙化石发掘（李柒摄）

（图2-2）。在整个发掘工作中都需记录骨骼的原始埋藏状况及所有伴生的化石，记录方法包括画埋藏图、照相及摄像等，当然还有近年发展起来的三维激光扫描技术。其实古生物工作和地质工作是分不开的，在发掘过程中若有地质学家在场，他就可以解释化石的地层沉积环境，判断化石的埋藏情况，这就是研究化石的学科门类叫古生物学及地层学专业，并属于地质学下面的二级学科的原因。

　　恐龙化石发掘工作的后期就是打包，发掘者先将每一块骨骼化石包括围岩用湿纸或其他衬底覆盖，作为隔离层，然后用稀释了的石膏和粗麻布覆盖多层，大块的骨骼化石还需使用木条等进行加固。先将顶面和周围打包后，再挖掘化石包的下方使得整块骨骼化石与基底分离，然后在底面以同样的方式打包。经过这道工序，整个恐龙化石就被包裹在石膏壳内（专业上将石膏壳称为"皮劳克"，该词由俄语音译而来）（图2-3），然后就可以放心搬运了（图2-4）。皮劳克有大有小，有些集中埋藏的恐龙化石发掘，皮劳克会有好几吨重。

　　剩下一个重要的环节就是在实验室中进行化石修理。现在有许多专业的古生物化石修理技师，且现有技术也得到了极大的改进。一个优秀的技师在修理化石过程中不仅要充分展示化石的形态，还要尽可能减少原始信息的丢

失（图 2-5）。回到实验室，首先要进行拆包，将骨骼化石上的石膏层清除掉，精雕细琢的修理工作便开始了（图 2-6）。各种锤、凿、钻、针及刷子都会被用来清除围岩。空压机和气动笔也要派上用场，这套系统是通过气流配合针头将标本上的围岩一点点地清理掉。在修理的过程中，通常还会在出露的骨骼上涂加固剂进行加固，并将破碎的化石用胶水进行黏接。

壮观的恐龙化石骨骼，通常都是装架进行展示，将骨骼利用金属支架固定拼接在一起，但更多情况下装架展示的都是骨骼模型，这样更有利于真化石的保存。首先在修理完成的恐龙骨骼化石上制作模具，再利用模具翻制出和真化石一模一样的模型，最后将骨骼模型拼接装架。恐龙骨骼要

图 2-3 打皮劳克（谭超摄）

图 2-4 化石包运输（谭超摄）

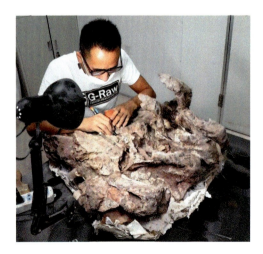

图 2-5 恐龙化石修理（谭超摄）

图 2-6 修理之后的恐龙化石（李柒摄）

  山城龙迹：走进重庆恐龙世界

图 2-7　恐龙装架（谭超摄）

形成化石是非常困难的，形成化石之后又会经历一系列的地质构造运动，所以发掘出来的恐龙化石一般都是不完整的。通常情况下，古生物学家必须充分利用来自许多标本的信息来重建没有保存部位的骨骼，这是可行的。因为脊椎动物是两侧对称的，而且脊椎骨和肋骨等数量较多的部位变化都是渐进的。

装架之后，恐龙的整体形态就随之而出，这也是我们在博物馆通常所看到的样子（图 2-7）。古生物学家和艺术家根据骨架形态，再结合一定的想象力恢复恐龙的皮肉，就会形成我们在科普书、漫画或影视中看到的恐龙形象。

第二节　恐龙有多少种？

　　恐龙种类多种多样，为了研究这些形形色色的恐龙之间的相互关系，古生物学家根据某些共同的特征对它们进行分类。说起恐龙分类，首先要分清哪些是恐龙、哪些不是恐龙，一般人可能认为体型巨大的古代生物或者怪兽都可以叫作恐龙。其实鱼龙、蛇颈龙是水生爬行动物，并不是恐龙；翼龙和恐龙有着共同的祖先，不过走向了不同的进化道路，它们也不是恐龙，而是属于中生代会飞的爬行动物。

　　传统上定义的恐龙是生活在中生代陆地上的能直立行走，头骨、四肢上有一些相应的有助于快速奔跑的变化，且脑颅更加发达的一类动物。现在的定义更加严格，不是按照特点而是按照亲缘关系来定义的，如"恐龙是麻雀和三角龙的最近共同祖先及其所有后裔"。

　　恐龙包含两个主要的类别，分别为蜥臀类和鸟臀类（图2-8）。这两个类别区别的核心就是恐龙的腰带结构，蜥臀类具有看起来类似于蜥蜴的腰带，坐骨指向后方，耻骨指向前方，使得腰带部位呈现三叉形外观；鸟臀类具有看起来类似现代鸟的腰带，耻骨指向后方，与坐骨处于并排位置（图2-9）。

　　蜥臀类的恐龙主要分为兽脚类和蜥脚型类。兽脚类包含所有的食肉恐龙，它们尖利的牙齿上带有锯齿，这一类群包括侏罗纪时期著名的肉食性恐龙——永川龙，白垩纪时期大家最熟悉的巨兽——霸王龙，等等。蜥脚型类又细分为基干蜥脚型类和蜥脚类，这两类恐龙都是有着长脖子、小脑袋和桶状身体的植食者。基干蜥脚型类中比较著名的就是我国云南禄丰的

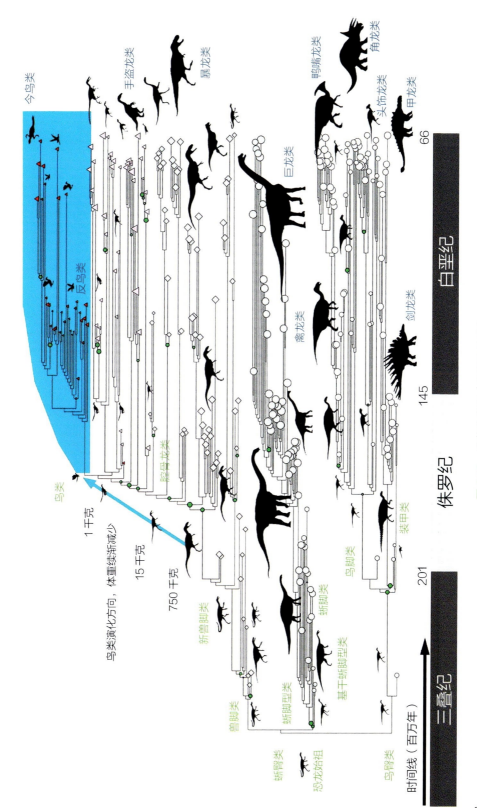

今鸟类

手盗龙类

暴龙类

鸭嘴龙类

角龙类

头饰龙类

甲龙类

巨龙类

鸟类演化方向，体重续渐减少

反鸟类

鸟类

禽龙类

腱臂龙类

剑龙类

兽脚类

新兽脚类

蜥脚类

1千克

基干蜥脚型类

蜥脚型类

15千克

装甲类

750千克

鸟脚类

蜥臀类

兽脚类

蜥脚类

蜥臀类

恐龙始祖

蜥脚型类

基干蜥脚型类

鸟臀类

时间线（百万年）

三叠纪   侏罗纪   白垩纪

201   145   66

图 2-8 恐龙分类图（张宗达绘图）

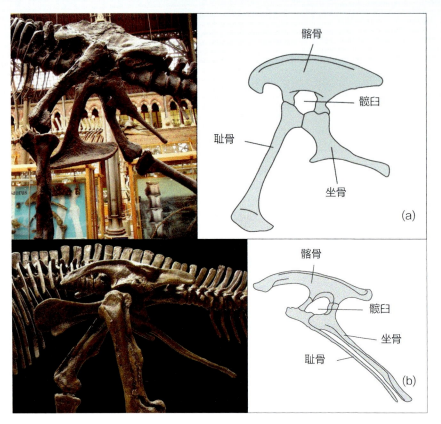

图 2-9　蜥臀类（a）和鸟臀类（b）的腰带构造（图片来源：Admiral Hood, Wikipedia）

禄丰龙，蜥脚类恐龙包括恐龙中的各种"大块头"，如马门溪龙、梁龙、雷龙和腕龙等。

鸟臀类的恐龙主要包括鸟脚类和装甲类。这两种类型的恐龙都是植食性的，鸟脚类恐龙最著名的就是鸭嘴龙，它的上、下颌两侧总共长有上千颗牙齿，远超其他恐龙，具有非常强的咀嚼功能。装甲类恐龙身上长有一些硬质的盔甲，但它们的形态各异，如盔甲布满全身的甲龙（图 2-10）、背上长骨板的剑龙和头上长角的角龙（图 2-11）等。

2017 年 3 月，剑桥大学和伦敦自然史博物馆的研究者在《自然》上发表的一项研究成果认为上述现有的划分是有问题的，他们认为兽脚类应该与鸟臀类划分到一起，而将蜥脚型类排除在外。现有的恐龙分类需要被重新安排、重新定义和重新命名。目前，整个恐龙学术界并没有完全采纳

这一观点，同时很快有人发文对这一观点进行反驳。鉴于此，本书继续沿用现有的分类标准。其实这很正常，我们永远无法完全把握任何一个进化环节的真相，只能接近真相，科学也是在不断否定中前进的。

图 2-10　甲龙（王子晗绘图）

图 2-11　角龙（王子晗绘图）

第三节　恐龙灭绝之谜

　　除鸟类外，非鸟类恐龙在白垩纪末期的灭绝现象是个被普遍接受的事实，也是恐龙研究中的热点之一。多年来，相关研究中出现了100多个假说诠释恐龙的绝灭。19世纪后半叶到20世纪前叶的一个常见的观点是恐龙的灭绝是寿终正寝，整个种群已经走向衰老，遗传潜力被耗尽，如过度巨型化使其失去了适应的能力。1920年开始，十多个假说被提出，从生理学方面（椎间盘脱位、激素分泌过度、性冲动的消失）到生态学方面（与哺乳类的竞争、植物的变化），从气候方面（太热、太冷、太潮湿）到陆地灾难（火山活动、地磁场倒转），从地球（海侵、造山运动）到外太空（太阳黑子、彗星撞击）。

　　这些诠释大部分是猜想，大多数无法进行检验，现在普遍接受的是下面三个假说。

　　撞击假说认为恐龙灭绝是一颗直径约10公里的小行星撞击地球造成的。撞击造成恐龙大灭绝是由于撞击掀起的巨大粉尘遮天蔽日而阻碍了植物的光合作用，导致寒冷，使得植物灭绝，连锁反应导致植食性恐龙灭绝，然后是肉食性恐龙灭绝。这一假说的一个主要证据是在墨西哥南部的希克苏鲁伯陨石坑，以及全球不同地区海相界线黏土层中发现了铱异常现象，而铱是一种极为罕见的元素，地壳中的平均质量比例只有十亿分之一，但在陨石中含量却很高。

　　火山假说认为恐龙灭绝是由于在白垩纪末期，地球上发生了一系列大规模的火山爆发。火山的爆发，导致二氧化碳大量喷出，进而造成地球出现急剧的温室效应，使得植物死亡。同时，火山喷发使得毒素大量释出，臭氧层破裂，有害的紫外线照射地球表面，造成恐龙灭亡。这一假说的一个主要证据是印度的德干地盾，代表了一个巨大的经历了 3 个喷发期的玄武岩熔岩喷发地区，时间上跨越了白垩纪末期（图 2-12）。

多因素假说认为恐龙的灭绝是一个长期的过程，它们的灭绝持续了 500 万～1000 万年，并与逐渐变冷的气候及其他气候变化有关，而彗星撞击和火山爆发给了致命一击（图 2-13）。

科学家在恐龙灭绝原因的研究上正在逐渐实现突破。2018 年 6 月 21 日，《中国自然资源报》上的一篇报道"松科二井为恐龙灭绝提供新证据"中提到，于 2014 年开钻的松辽盆地大陆科学钻探松科二井，正肩负着揭开白垩纪地质奥秘的神圣使命。随着松科二井的钻进，科学家对岩心的研

图 2-12 火山喷发（图片来源：pixabay）

图 2-13 恐龙大灭绝（张宗达绘图）

山城龙迹：走进重庆恐龙世界

究将揭开白垩纪气候变化的谜团。中国科学院院士王成善及其团队借助"国际大陆科学钻探计划"项目和中国地质调查局共同资助的"白垩纪松辽盆地大陆科学钻探"项目，获取了连续完整的地质记录，并首次重建了相对连续的白垩纪—古近纪界线附近的陆相气候记录。由记录可以看出，德干火山喷发导致剧烈的升温和二氧化碳浓度上升，破坏了生态系统的稳定性，造成松辽盆地中的部分物种灭绝；随后，短时间内小行星的撞击使原本不稳定的生态系统发生崩溃，形成"压垮骆驼的最后一根稻草"。

关于恐龙灭绝的原因，各种假说都试图进行解释，想给出单一完美而明确的答案，如撞击说、火山说、进化竞争论、环境变化论、中毒说等。尽管每种假说都有大量的证据支持，然而根据提供的证据详细追溯推理下去却都有说不清楚的地方。那么究竟是什么导致了恐龙的灭绝呢？之前的假说都错了吗？作者认为它们都没错，只是在整个事件过程中，这些假说只说明了单一的环节，而这些环节仅仅只是整个恐龙灭绝事件中的一部分，将已经发现的和将来会发现的各个证据进行综合考虑，或许会发现各个单一的假说互为前因后果，恐龙灭绝的真相也就渐渐清晰。

从现在证据比较充分的撞击假说、火山假说和多因素假说来看，在恐龙灭绝的过程中地球相当于经历了一次全球范围核战争的大清洗。因此，如果将来有一天有大规模核战争发生，结局会如何？其实答案就如本节所述，只不过灭亡的名字由恐龙换成人类而已。

N

10 5 0 10 20 30公里

开州区

万州区

梁平区

垫江县

忠县

石柱土家族自治县

潼南区

合川区

铜梁区

长寿区

丰都县

大足区

璧山区

双桥区

荣昌区

永川区

江津区

涪陵区

黔

武隆区

彭水县

南川区

綦江区

图　例

恐龙化石　　　省级行政界线
恐龙足迹　　　市级行政界线
河流　　　　　直辖市驻地
市、区、县驻地

第三章
重庆恐龙传奇

　　重庆地区中生代地层广布，但出露情况不一，从整体上来说，侏罗纪地层主要在主城、渝西和渝东北大面积出露，白垩纪地层只有綦江、江津和黔江有少量出露。在哪里寻找恐龙化石？当然是那片它们曾经生活过的土地上，因此，目前重庆地区发现的恐龙化石点主要就分布在主城、渝西和渝东北。在过去的几十年发现了60余处恐龙化石点，发掘装架出近10具较完整的恐龙化石，既有体型巨大的蜥脚类，也有凶猛的兽脚类，不仅有恐龙骨骼化石，还有足迹化石（图3-1）。下面就让我们一睹重庆恐龙的风采！

图 3-1　重庆恐龙化石点分布示意图（陈娟制图）

第一节　亚洲第一脚

　　说起重庆大足，人们的脑海里一定会浮现重庆唯一的世界文化遗产——大足石刻。唐永徽元年（公元650年），能工巧匠就在这里留下了他们的印记，再到公元960～1173年的两宋时期，大足石刻达到鼎盛。这处始于唐初，盛于两宋的宗教摩崖石刻是佛教文化与中国传统文化融合的杰作，享有世界八大石窟之一的美誉。

　　我们把眼光放得更远，其实早在远古时期，在人类还没有出现的另外一个时代里，能工巧匠早已在大足这片土地上留下了他们的杰作。

　　2015年7月20日，瓦蓝瓦蓝的天空没有一丝云彩，火热得泛白的太阳炙烤着大地。在重庆大足邮亭一条废弃的铁路边上，来自重庆市地质矿产勘查开发局208水文地质工程地质队、中国地质大学（北京）和自贡恐龙博物馆等单位的古生物学者顶着烈日正在进行野外作业（图3-2）。

　　他们工作的对象就是在这处倾

图3-2　大足邮亭恐龙足迹调查
（胡旭峰摄）

山城龙迹：走进重庆恐龙世界

角约55°的岩壁上，距今约2亿年的侏罗纪早期恐龙留下的足迹。这些古生物学者需要像蜘蛛人一样吊在半空的岩壁上工作数小时，虽然他们已经汗如雨下，却没有在滚烫的岩壁上留下一丝水印。只见他们在清理这些足迹的同时用粉笔勾勒出恐龙足迹的轮廓，在全部足迹轮廓画完后再铺上透明塑料薄膜进行"翻模"工作（图3-3）。不要小看了这片薄薄的塑料薄膜，这可是后期在室内进行详细测量和绘制足迹分布图的重要依托。这就是古生物学者在野外对恐龙足迹所做的工作，当然还包括测量、拍照、取样、记录和描述等。

大自然没有辜负这群有着梦想的人，他们在不到50平方米的层面上发现了100多个蜥脚类恐龙行走时前后脚留下的足迹，组成了至少3条形迹（图3-4和图3-5）。

"根据恐龙足迹，我们判断这里至少有3只恐龙走过，它们体长约7.5米，属于蜥脚类，正处于慢行状态。"有没有觉得拿着地质锤的恐龙足迹研究专家酷似戴着白手套的刑事犯罪遗迹鉴定专家？没错，这些恐龙留下

图3-3　翻模（胡旭峰摄）

图 3-4 大足邮亭恐龙足迹（代辉摄）

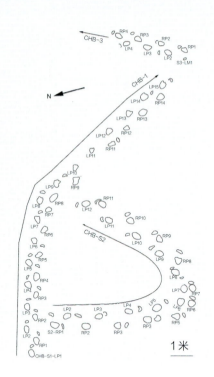

图 3-5 大足邮亭恐龙足迹分布图（邢立达绘图）

注：LP 表示左后脚，RP 表示右后脚，CHB-S1、CHB-S2 和 CHB-S3 为形迹编号

的脚印在恐龙足迹研究专家眼中就等于一条条指向作案者的证据。不信请往下看。

这 3 条形迹分别长 15 米、13.5 米和 3.5 米，后足迹平均长度分别为 33.9 厘米、35.9 厘米和 35.1 厘米，大小不一，我们可以知道这些足迹是由 3 只不同的恐龙留下的。我们可以通过足迹要素计算恐龙的体长，根据蜥脚类恐龙的臀高为后足迹长度的 5.9 倍、体长为臀高的 3.7 倍，计算出 3 只恐龙的体长分别为 7.4 米、7.84 米和 7.66 米。当然，恐龙足迹还为恐龙行为学研究提供了重要信息，利用足迹的一些参数按照相关公式可以计算出这 3 只恐龙当时的运动速度分别为 0.36 米 / 秒、0.43 米 / 秒和 0.81 米 / 秒，它们当时是有多悠闲！

经重庆市地质矿产勘查开发局 208 水文地质工程地质队与中国地质大学（北京）、自贡恐龙博物馆，以及美国科罗拉多大学、瑞士巴塞尔自然历史博物馆、日本东京学艺大学、加拿大阿尔伯塔大学和德国古生物博物馆等单位合作，对此处的恐龙足迹进行研究后惊奇地发现，这是目前亚洲发现的最古老的蜥脚类恐龙足迹。同时，左右脚留下的足迹之间的间隔比较大（该类型恐龙以往发现的足迹都是窄间距），并且其中一条形迹呈明显的转弯现象，这对研究蜥脚类恐龙运动学和重庆乃至西南地区大型恐龙的演化有着重要的作用。

山城龙迹：走进重庆恐龙世界

这些恐龙足迹是如何形成，然后又是如何保存到这处陡峭的岩壁上的呢？距今大约 2 亿年的侏罗纪早期，这里有一处巨大的湖泊，可能比我国现在最大的淡水湖鄱阳湖还要大！湖边生长着真蕨类、苏铁类、银杏、松柏等各种喜热耐湿的植物，湖中鱼儿畅游，林间恐龙漫步。火辣辣的太阳照射着昨晚才下雨打湿的湖岸，周边的恐龙从四面八方聚集到湖边饮水。蜥脚类恐龙由于体型巨大，每走一步都需要消耗很多能量，因为周边也没有肉食性恐龙这类天敌出现，它们行走得都异常缓慢，从步伐上就能想象得出它们当时"闲庭信步"的悠然姿态。

其中两只恐龙早就被火辣辣的太阳烤得口干舌燥了，大湖的方向它们了然于胸，所以都沿直线朝着湖边走去。不知道大家看《动物世界》时有没有注意到，长颈鹿喝水都是尽量靠近湖边，需要时将前面两条腿大幅叉开，方便吻部（向前凸出的嘴巴部位）接触水面，把长长的脖子伸到较远的地方饮水。这些长脖子的蜥脚类恐龙的饮水方式应该和长颈鹿类似，这两只恐龙尽量靠近水边，甚至脚都站到了水里。饮完水后，它们没有原路返回，而是沿着潮湿的湖边渐渐远去。

有一只体型比这两只恐龙更大的蜥脚类恐龙应该是从远处而来，它并不知道这里有一个大湖。湖岸已经映入眼帘，没有饮水打算的它决定原路返回。调转身体对于这种运动能力较低、块头又大的生物来说是比较困难的。只见它以类似原地踏步的方式，一步步艰难地将身体转向背朝大湖的方向，愤愤地离开湖边，回去的时候行走速度快了那么一点（从留下的足迹可以看出返回的步伐要大一些）。

恐龙足迹的保存，对基底的颗粒度、黏度、湿度都有非常严格的要求。在过软的地面上，恐龙脚印很快会被周围流动的泥沙回填埋没。因此，两只喝水的蜥脚类恐龙踩在水里的脚印，以及紧靠岸边行走留下的脚印都没能保存下来。反而最后那只急转弯调头的恐龙的脚印都被保存了下来，让我们能够一窥亿万年前这些"大块头"急转弯的姿态。

这些脚印经过了太阳的烘烤而变得结实。很快，洪水带来的泥沙等沉积物将这些脚印覆盖。百年、千年、万年直到亿万年过去了，一层层沉积

物覆盖在恐龙足迹上，留下足迹的软质基底渐渐变成坚硬的岩石，地质构造运动使得湖泊消失，平地抬升为高山。这处平坦的湖泊边缘变成现在的斜坡，风化作用使得覆盖在恐龙足迹上的岩层风化剥蚀，这处珍贵的化石标本才重见天日，出现在我们面前。

重庆大足这处恐龙足迹保存于距今约2亿年的下侏罗统珍珠冲组地层中，据邢立达等对该恐龙足迹的研究显示，此处是已知的亚洲最古老的蜥

图 3-6　大足邮亭恐龙足迹生态复原图（张宗达绘图）

山城龙迹：走进重庆恐龙世界

脚类恐龙足迹。该证据说明侏罗纪早期，西南地区不仅有大家熟知的禄丰龙和云南龙这些基干蜥脚型类恐龙，还有此处足迹的造迹者——蜥脚类恐龙。我们可以猜想，重庆地区从2亿年前的侏罗纪早期就已经是恐龙生存的家园（图3-6）。

第二节　大型恐龙的先驱

在博物馆大厅，当我们漫步在那些巨型恐龙的脚掌边，抬起头甚至都看不到这些恐龙到底有多高。它们是如何长到如此之大？地球是何时开始出现这种巨型物种的呢？

其实在基干蜥脚型类恐龙出现之前，最大的食草动物也只有我们现在看到的猪那么大。距今大约2.3亿年的晚三叠世，始盗龙和埃雷拉龙这些早期的肉食性恐龙肆无忌惮，它们在饥饿时会抓捕那些体型不大的植食性恐龙作为食物，吃饱了偶尔还会追逐嬉戏。然而有一类最古老、真正开始大型化的恐龙出现了，它们体长一般都能达到6～9米，比我们现在看到的非洲大象还要大很多，它们就是基干蜥脚型类恐龙，这些体型巨大的植食性恐龙就不是始盗龙和埃雷拉龙能够随意欺负的了。例如，在欧洲发现的板龙、我国云南发现的禄丰龙（图3-7）和云南龙等都属于基干蜥脚型类恐龙。

图3-7　禄丰龙复原图（张宗达绘图）

图 3-8　盗龙化石及体内的胃石（臧海龙供图）

　　基干蜥脚型类恐龙有着较长的脖子和小脑袋，它们的后肢长且健壮，前肢相对就比较短小，但是宽大的手掌还是可以支撑相当的重量。有时候，它们四肢爬行并寻觅地上的植物，但当需要时，可以靠两只强壮的后腿直立起来，加上长脖子的帮助，享用离地 3 ～ 4 米树梢上的嫩叶自然就不在话下。那么，基干蜥脚型类恐龙是两足行走的动物还是四足行走的动物？其实基干蜥脚型类恐龙进行直立行走是不容易的，较长的脖子使得它过于头重脚轻，不可能总是以两脚着地的姿态行走。因此，平时基干蜥脚型类恐龙还是很乐意四脚着地行走的。

　　基干蜥脚型类恐龙的牙齿和上下颌的结构决定了它们不具备咀嚼功能，那么它们吃东西时就是"囫囵吞枣"？就是这样的。不过我们在很多恐龙化石胃部都发现有聚集的"胃石"（图 3-8）。我们想基干蜥脚型类恐龙大概也是通过吞下各种石头，让它们储存在胃中，像一台碾磨机那样滚动碾磨，把食物碾碎成糊状。不知道大家注意到没有？鸡也是会吃小石子的，因为鸡的角质喙使得它们很善于啄食食物，但却不能咀嚼食物。因此，鸡吃石子和恐龙吃石头是同一个目的。科学家认为现今鸟类就是恐龙的后裔，所以鸡继承恐龙吃石头的习惯也就不奇怪了。

重庆有没有这种比较原始的基干蜥脚型类恐龙呢？如果在前几年还真不好说，因为一直没有发现过这类化石。2015年10月，重庆云阳老君村的程海平像往常一样赶着山羊在家附近的山头放牧。在通常情况下，把羊赶到生长着茂盛青草的山间田埂上，程海平就可以往坡上一躺，优哉游哉地"云游世外"了。老羊吃草的时候都很专心，有时候不用眼睛看，用鼻子闻一闻就一口咬上去，而小羊则调皮得很，它们吃不了几口就会开始互相追逐玩耍。"咩，咩……"，突然一只小羊急剧的叫声惊醒了程海平，原来是小羊在追逐时一脚踩垮了田埂。

垮掉的田埂上一节凸出来的"石头"引起了程海平的注意。这块石头外表光滑，露出部分呈圆柱形，神似一节动物的骨头。此刻，他脑海中闪过一个念头，这不是很像书上所说的化石吗？后来，经恐龙研究专家鉴定，这就是距今约1.7亿年的恐龙化石。

距今约1.7亿年？这可是一个大发现，虽然四川盆地是公认的中生代"恐龙窝"，大量的恐龙化石被发现和报道，但是绝大多数都是集中在距今1.6亿年左右的中侏罗世，年代这么早的恐龙化石还真是罕见报道，至少重庆地区还没有发现过。我们知道，早在2.3亿年的三叠纪晚期恐龙就已经出现，在地球上生存了大约1.6亿年，但并不是它们在每一个地方都生存了这么久，有些地方或许只是匆匆而过。重庆在2亿年前就有恐龙生存了，看来这里并不是它们旅途中的客栈，而是赖以生存的家园，3000万年以后仍然还有恐龙坚守在这片土地上。

我们沿着这块恐龙化石露头的层面往下挖，发现了一个直径超过20厘米的椎体，一根长度约70厘米的肋骨化石，还有一些肢骨化石和大量埋藏在一起还没完全露出的骨骼化石。人生处处是惊喜，在这些恐龙化石旁边我们还发现了一只水生爬行动物——蛇颈龙的一些骨骼化石，包括大量的牙齿、椎体、肋骨和肢骨化石。别看蛇颈龙的名字中有一个"龙"字，但它并不是恐龙。

中国科学院古脊椎动物与古人类研究所的尤海鲁研究员特到此地对这批恐龙化石进行了考察。这些恐龙化石是基干蜥脚型类恐龙化石，它出露的地层为距今大约1.7亿年的中侏罗统最底部的新田沟组地层。要知道，在我国云南禄丰发现有大量的侏罗纪早期恐龙化石，在我国四川自贡同样也发现有丰富的侏罗纪中晚期恐龙化石，偏偏该时间段地层中以往发现的恐龙化石非常贫乏。重庆云阳普安乡这处基干蜥脚型类恐龙化石的发现，对于研究中侏罗早期基干蜥脚型类恐龙在我国西南地区的分布及其演化有着非常重要的意义。

　　"物类之起，必有所始"，基干蜥脚型类恐龙最初被认为是那些动辄20多米长的蜥脚类恐龙的早期祖先，在过去常被称为"原蜥脚类"。但随着新材料的不断发现和分支系统学的逐步完善，现在大多数学者认为"原蜥脚类"并非单系类群，因此这一概念不再适用，而这些相对原始的类群便被称为基干蜥脚型类。

　　目前看来，基干蜥脚型类恐龙成员相对后期大发展的蜥脚类恐龙来说是比较稀疏的，它们繁盛于距今2.3亿年左右的晚三叠世，其优势在距今约1.8亿年的早侏罗世后期已经结束，再往后的优势植食性动物就是蜥脚类恐龙了。

东方巨龙

1957 年的春天，全国各地掀起了一个群众性的找矿、报矿建设热潮。四川省石油勘探队来到了当时隶属四川省的合川县太和镇鼓楼山进行石油与天然气勘探。地质工人侯腾云上山时一马当先，披荆斩棘，突然半山腰砖红色岩层中一块灰白色的"石块"引起了他的注意。他蹲下来仔细观察，并用随身携带的地质锤敲了敲，石块相当坚硬，并且越看越像动物骨骼。他立刻意识到了什么，情不自禁地大声喊起来："快来看呢，这里有恐龙化石！"

正所谓"天下难事，必作于易；天下大事，必作于细"，生活中处处都是学问。

经过一个多月的发掘，一具呈"U"形侧躺死亡的巨型恐龙骨架展现在大家面前。当时为了将这些恐龙骨骼化石进行装箱，用掉了整整 32 只大木箱。这件珍贵的恐龙化石标本先是保存在重庆市博物馆，后面又辗转异地转交给了当时的成都地质学院（现成都理工大学），从此一直作为该校博物馆的镇馆之宝之一。

该恐龙由中国古脊椎动物学奠基人、时任中国科学院古脊椎动物与古人类研究所所长杨钟健先生鉴定，并由该所研究人员和技术工人研究、修复与装架。杨钟健先生领头的科研小组将该恐龙定名为合川马门溪龙（图3-9），时任中国科学院院长的郭沫若先生亲笔题名。当完整的恐龙化石骨架终于展现在人们面前时，面对一只长22米、背高3.5米的远古巨龙，所有人都惊呆了。它不仅是当时的中国之最，还是亚洲之最！

合川马门溪龙被发掘并复原后，这只庞然大物一直担当着中国最大恐龙的英名。1985年新加坡、1989年日本、1991～1992年意大利、1997年菲律宾……它一次次地远赴世界各地巡展，来自龙的故乡的巨龙得到了世界人民的喜爱。1990年日本大阪举办的博览会，中国大恐龙和苏联卫星是该届世博会组委会唯一指定的两项参展内容。从此，"东方巨龙"在世界上传播开来。

合川马门溪龙按照第二章第二节讲到的恐龙分类，属于蜥臀目中的蜥脚类恐龙，这一类恐龙成年后一般都是"大块头"。它们都有着肥硕的身躯、长长的脖子和尾巴，靠强而有力的四条腿支撑行走，并以植物为食。它们从距今1.7亿年的侏罗纪中期一直繁盛到距今6600万年的白垩纪晚期。这些霸占地球1亿多年的巨型种族给我们留下了丰富的化石材料，让我们能够一窥其伟岸。

我们知道，现在地球上最大的动物是蓝鲸，有记载的最长蓝鲸为33.6米，但这个测量的可靠性存在争议。美国国家海洋哺乳动

图3-9　合川马门溪龙复原图（张宗达绘图）

物实验室的科学家测量到的最长蓝鲸为 29.9 米，大概和波音 737 或 3 辆公共汽车一样长。自重庆发现的合川马门溪龙出现以后，恐龙之最的纪录一再被刷新。经研究，目前发现的大型蜥脚类恐龙中，阿拉莫龙、普尔塔龙和阿根廷龙长 35 ～ 40 米，活着的时候重 60 ～ 80 吨。这些巨兽排行榜上怎么会少了恐龙化石大国——中国！发现于我国新疆准噶尔盆地的中加马门溪龙，长 35 米，重约 65 吨；河南省洛阳市汝阳县发现的巨型汝阳龙，据报道其长度达到 38 米，重约 60 吨（图 3-10 和图 3-11）。

其实，有一种恐龙的化石在历史上出现过但又消失了，它的出现将恐龙的体型扩展到了极限，它就是长约 60 米，活着的时候重约 120 吨的易碎双腔龙！令人遗憾的是，它的化石已经破碎成了无数碎片，真是应了"易碎"这个名字。这也导致新发表的论文对这一数据产生质疑。不管

图 3-10　巨型汝阳龙的第十背椎（高 104 厘米）
　　　　（吕君昌供图）

图 3-11　巨型汝阳龙的肩胛乌喙骨（长 227 厘米）
　　　　（吕君昌供图）

图 3-12　世界知名动物体型对比图（王子晗绘图）

怎样，恐龙在我们的脑海中已经是"巨型"的代名词，我们常常也会像孩子一样幻想这些庞然大物出现在我们面前，而感到异常兴奋（图3-12）。

看到这里，大家心里肯定在想一个问题，这么大的体型，如此重的体重，它们每天要吃多少食物？我们知道，这些大型蜥脚类恐龙都是植食性的，它们是不是每天都要横扫一片森林来满足食欲呢？要真是这样，地球可没法满足它们1亿多年的"蹂躏"。一般来说，我们现在的植食性哺乳动物每天摄入的食物大约为体重的10%，这些食物不仅要保证一天生理活动所需的能量，还要维持体温。据研究，植食性恐龙每天的食量大概是其体重的1%。为什么会吃这么"少"呢？首先，它们一般都有长长的脖子，如合川马门溪龙，脖子占据了体长的1／2，在四只脚保持不动的情况下，仅仅依靠脖子的摆动就能保证很大的取食范围；其次，它们庞大的身躯可以在一次取食时储存大量的能量，避免频繁进食；最后，有些科学家认为恐龙为变温动物，它们不需要食物提供的能量来维持体温。

在重庆发现的比较完整的大型蜥脚类恐龙化石可不止这一只合川马门溪龙。

1955 年，四川省长寿县（现重庆长寿区）在修建狮子滩水库时，发现了一具蜥脚类恐龙化石。化石材料包括 11 个不相关联的颈椎和背椎，右肩胛骨的远端，右乌喙骨和一节残损的左肱骨，部分腰带和左股骨，接近完整的左胫骨、腓骨和左距骨。我国古脊椎动物学奠基人杨钟健先生对该化石进行了研究，将其命名为长寿峨眉龙，推测其长度约 17 米、背高 3.3 米，现保存于中国科学院古脊椎动物与古人类研究所（图 3-13）。

1994 年，当时隶属四川省的綦江县（现重庆綦江区）农民蔡长铭在地里挖鱼塘时，挖出一块类似"水牛骨头"的石头。他和家人意识到这可能不是一块普通的石头，于是就用麻袋包裹起来送到了当地的文物管理所。几经辗转，这块化石最后被送到了重庆自然博物馆，在那里被鉴定为恐龙化石。然而这次尝试性的敲门并没有让它出现到世人面前。2006 年，重庆綦江在申报国家地质公园时，有关专家随机对已经变成菜园子的鱼塘开展了试探性挖掘，又挖出了 4 块恐龙骨骼化石。2010 年 10 月 26 日，甘肃地质博物馆受重庆市綦江区国土资源和房屋管理局之邀，正式对这具恐龙化石进行发掘，这具蜥脚类恐龙才真正出现到我们面前。以邢立达为代表的来自中国地质大学（北京）和加拿大艾伯塔大学的科研人员对这具恐龙骨骼化石进行了长时间的研究，最终这只长约 15 米、背高 3 米的蜥脚类恐龙被命名为果壳綦江龙，现保存于重庆綦江国家地质公园博物馆（图 3-14 和图 3-15）。

2004 年 3 月，重庆主城江北区的大石坝嘉陵江边，一具缺失头骨、大部分颈椎、部分耻骨和爪骨，但是其他部位骨骼化石保存完好，完整

图 3-14　果壳綦江龙（代辉摄）

度达到 80% 的大型恐龙化石引起了重庆自然博物馆恐龙专家的注意。经过历时 5 年的修复和研究，这只恐龙有了一个响亮的名字——神州巴渝龙，其体长 18 米，背高约 3.5 米，现保存于重庆自然博物馆（图 3-16）。

2013 年，重庆合川大石街道金钟村村民谢秀明在田间劳作时，田坎上一块骨头样式的石头让他放下了手中的锄头。只见这块石头两头粗，中间稍细，表面光滑但有很多纹路，长度接近 1 米，神似一节腿骨。牛也没有这么长的腿骨啊，谢秀明就没朝动物骨头去想，只是觉得奇怪便拿回了家里。2014 年底，连绵的阴雨天气使得原本结实的田坎变得松软，一场大雨让谢秀明家的田坎上又冒出一块石头。当把这块石头全部刨出来时，谢秀明越看越觉得这就是一根腿骨。同一个地方发现两块神似腿骨的石头，谢秀明意识到不同寻常，就马上向重庆市合川区国土资源和房屋管理局报告了相关情况。

经重庆市地质矿产勘查开发局 208 水文地质工程地质队特聘专家、重庆自然博物馆原馆长周世武鉴定，这两块石头属同一只恐龙的腓骨和胫骨化石（图 3-17）。考虑到化石层埋藏较浅，第四系覆盖层较松软，加之人为后期活动影响较大，恐龙化石也许在

图 3-13　长寿峨眉龙复原图（张宗达绘图）

图 3-15 果壳綦江龙复原图（张宗达绘图）

之前的某次人类活动中，已经受到了不可恢复的破坏。重庆市地质矿产勘查开发局 208 水文地质工程地质队向重庆市国土资源和房屋管理局提出申请，对这一处恐龙化石开展了抢救性发掘。当对发掘的化石精修以后，整理取得的化石材料包括 2 节关联的颈椎、12 节背椎、5 节荐椎、3 节尾椎、2 块肠骨、2 块坐骨、2 块耻骨、完整左股骨与胫腓骨，还有大量背肋、颈肋和脉弧等（图 3-18）。

曾经的东方巨龙——合川马门溪龙，发现于重庆合川，但是化石标本一直保存于成都理工大学博物馆。这次仍然是在合川，发现了另外一只东方巨龙，标本复原装架后的长度约为 24 米，背高 4 米，是重庆目前装架的最大恐龙，弥漫在重庆人心头的一丝遗憾或许得到了弥补。同样的地方，发现两只大型蜥脚类恐龙，大家肯定想问它们是不是一种恐龙呢？经初步对比研究，它们确实具有明显的马门溪龙科特征，同属马门溪龙科，但是后者在神经棘及荐椎形态方面独具特征，我们推测其至少为马门溪龙类一新种（图 3-19 和图 3-20）。

重庆目前发现的大型蜥脚类恐龙几乎都生活在距今 1.6 亿

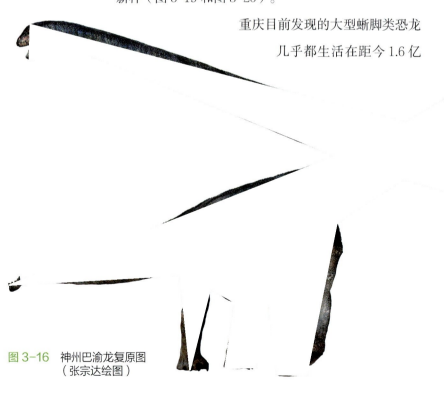

图 3-16　神州巴渝龙复原图
　　　　　（张宗达绘图）

图 3-17　专家鉴定谢秀明发现的　　　图 3-18　关联保存的恐龙化石
　　　　　恐龙化石

图 3-19　装架的合川新发现的马门溪龙

年左右的中侏罗世，那时重庆地区遍布低洼的沼泽地和湖泊，星罗棋布的河流，周边生长着真蕨类、苏铁类、银杏、松柏等各种喜热耐湿的植物森林，地上或许还生长着零星的渤大侏罗草，河中鱼儿畅游，林间恐龙漫步。这些大型蜥脚类恐龙有着庞大的身躯，能够威胁它们的动物非常罕见（图 3-21）。

图 3-20　合川新发现马门溪龙复原图（张宗达绘图）

图 3-21　东方巨龙场景图（张宗达绘图）

山城龙迹：走进重庆恐龙世界

第四节　中生代的重装步兵

　　蜥脚类恐龙依靠庞大的身躯来威慑天敌，而另外一种恐龙却对这种"傻大个"嗤之以鼻。这种中生代的恐龙背上长着两排奇特的骨板，尾巴末端还长有几根骨质的尖刺，就好似重装步兵。剑龙类，可以说是恐龙界长相最奇特的一类，它们都是以在背部延伸的一串骨板和棘突为特征。

　　1982年，位于重庆江北猫儿石的重庆硬化油厂动工，往往这些大型基建会翻出深埋地下亿万年的"古董"。这次建厂就发掘出了一具不是很完整的恐龙骨架，包括头骨的吻部（向前凸出的嘴巴部位），10节背椎，较完整的腰带和荐椎，23节关联保存的尾椎，一对完整的股骨和胫骨，一节肱骨的远端，3个掌骨和5个骨板。它不仅长相奇特，还有一个响亮且接地气的名字——江北重庆龙（图3-22）。经研究，其体长不足4米，

图3-22　江北重庆龙复原图（张宗达绘图）

以现在动物的标准绝对算是大型动物无疑，但在当时动辄20多米的侏罗纪恐龙世界真正算得上是"侏儒"了。

再大的恐龙不都是一点点长起来的，难道这是一具幼年个体？我们还真没有故意"中伤"它，根据保存下来的愈合荐椎及愈合的胫腓骨和跗骨判断，江北重庆龙是一具成年的个体。不过不要以为剑龙类都是4米左右，其实它们大部分都是7～9米，如四川盆地发现的沱江龙和嘉陵龙，以及北美的剑龙，属于中大型恐龙。

自1877年马什命名剑龙以来，古生物学家在全球发现了不少剑龙化石。我们从头到尾来解剖一下这类恐龙，首先你会发现它们都有着一个极小的脑袋，差不多就像100克的核桃一样（图3-23）。比非洲象还大的庞大生物，靠这个比狗脑袋还小的脑袋指挥身体，如何在侏罗纪的竞技场中生存下来？后来，古生物学家在化石中发现剑龙的荐椎髓腔特别发育，脊髓在腰部的髓腔中扩大成很大的神经结（即"荐脑"），所以发现者认

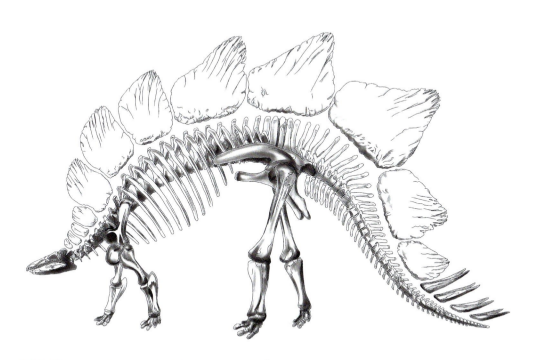

图 3-23　长着小脑袋的剑龙骨架图（王子晗绘图）

为剑龙在腰部长有第二个"脑"。但如今古生物学家普遍否认了这一脑洞大开的想法，认为这个神经结只是用来协助大脑控制后肢与尾部的神经，以及储存糖原来激发肌肉的功能而已。

这样看来，说到最笨的恐龙，我们脑海中浮现的是不是这只脑袋小得可怜的剑龙？事实上，根据生物学家拉塞尔在1968年及后人对恐龙智商的推测性研究，最笨的恐龙应该是雷龙（图3-24），其脑子的重量仅为体重的十万分之一，可谓完全不懂深入思考的动物。

从剑龙的头往后看，我们会立刻被其背上那一块块立起的骨板所吸引。关于长相奇葩的剑龙形象，古生物学家并不是一开始就如此确定。最初，剑龙的命名者马什认为剑龙的骨板会像屋顶的瓦片那样覆盖在整个背上。后来，古生物学家发现，实际上那些骨板只是沿脊椎分布，并且直立排列。剑龙的骨板和角龙类的角不同，骨板是由骨头组成，而不是由角质层构成。

关于这些骨板的作用众说纷纭，有人认为剑龙的骨板是用来求偶或展示性特征的"装饰物"，就像孔雀那样，但发现的较完整的剑龙化石几乎都有骨板保存，说明雄性剑龙和雌性剑龙都长有骨板，因此作为求偶"装饰物"的说法不太可能。

一种更主流的说法是剑龙的骨板具有强大的防御功能，它可以保护剑龙身体上除了腹部外的颈部、背部和尾

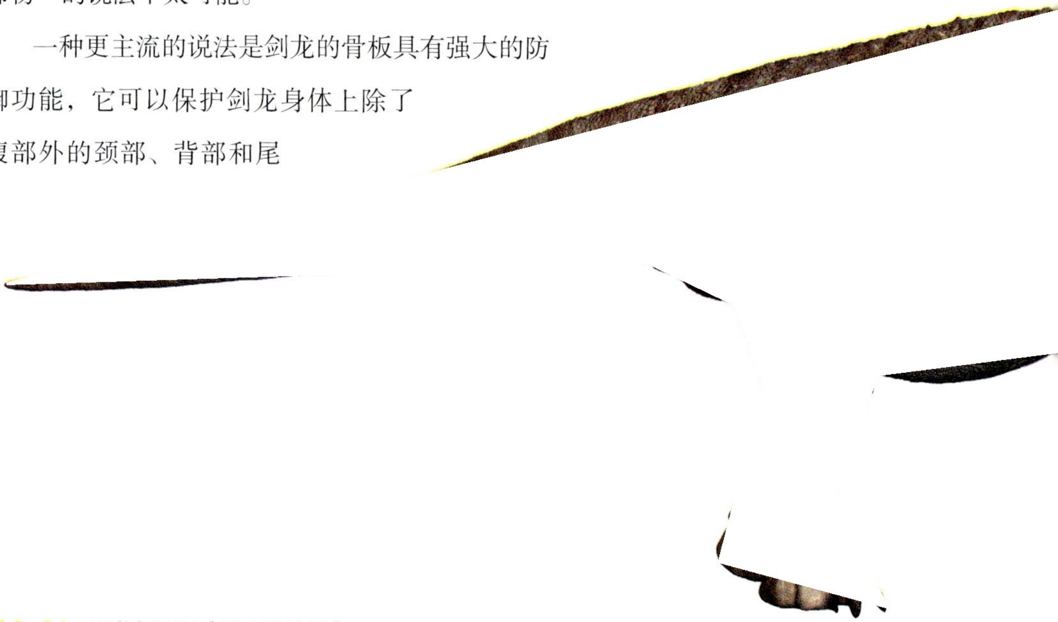

图 3-24　雷龙复原图（张宗达绘图）

部不受到大型肉食性恐龙的攻击。实际上，剑龙骨板虽大，但既薄又钝，几乎没有抵挡大型肉食性兽脚类恐龙攻击的能力。不过骨板表面分布大量小槽，表明里面可能存在很多血管，当剑龙与大型肉食性恐龙相遇时，它们可能会向骨板外层丰富的毛细血管中充血，怒发冲冠，使得剑龙背上通红一片以恐吓敌人（图3-25）。

关于骨板上大量分布的血管又诞生了另外一种说法，有人认为这些骨板是用来调节体温的。剑龙或许能够控制骨板的血流量，以便在出现不时之需时给身体升温或散热。加上剑龙背上骨板排列的方式也有助于空气的流通带走从骨板发出的热量，调节体温的说法还真有一定的道理。

虽然骨板承担不了强力防御的功能，但当剑龙面对大型肉食性恐龙时总不能乖乖束手就擒吧？如果打不过还不能跑吗？可事实是，它跑也跑不掉。剑龙庞大的身躯和奇怪的背部曲线，特别是相比后腿短得多的前腿，这个不协调的样子让它如何跑得快？剑龙长成这样并不是仅仅为了任性地显示它们特立独行，其实这样的身体结构为它们提供了巨大的消化器官。它们的小牙齿和喙无法磨碎植物，所以必须将囫囵吞入体内的食物发酵一段时间来获得营养。

我们把目光转向它们长着长刺的尾部，这才是剑龙强有力的武器。它们抵抗侏罗纪掠食者的唯一手段可能是左右挥舞强壮的尾巴，利用尾部末端4根"利剑"攻击敌人（图3-26）。当遭受大型肉食性恐龙攻击时，剑龙便会充分利用自身特点，将身体调整到某个适当位置，将看着就下不了嘴的骨板指向捕食者，同时用带有尖刺的尾巴进行猛烈抽打。古生物学家曾在一个异特龙的化石尾部找到被剑龙攻击的证据，其刺伤和剑龙尾刺造成的伤口非常吻合。异特龙是一种体形庞大的捕食者，比霸王龙早出现大约 8000 万年，正好是剑龙生活的年代。

　　大自然是神奇而美丽的，但无疑也是残酷的，自古以来就存在优胜劣汰的生存法则。体形较大的长颈鹿，大腿围度与狮子的躯干围度差不多，非洲草原上却经常上演狮子狩猎长颈鹿的惊险场面；刺猬浑身长满尖刀般的棘刺，宛如古战场上的"铁蒺藜"，獴尖利的爪子和它独有的开肠破肚技能同样能够将刺猬斩杀。不管是"肉山"一样的合川马门溪龙，还是"携带利剑"的江北重庆龙，最终说来，它们都只是"吃素的"。

图 3-25　"怒发冲冠"的剑龙（王子晗绘图）

图 3-26　剑龙利用尾巴反击肉食性恐龙（王子晗绘图）

凶猛的掠食者

在恐龙统治地球的大部分时间里，兽脚类恐龙都是地球上的顶级掠食者，它们最早出现在 2.3 亿年前的晚三叠世，一直繁衍到 6600 万年前的晚白垩世，成为真正意义上的肉食性巨兽（尽管有些并不是肉食性恐龙）。不管是史蒂文·斯皮尔伯格执导的在恐龙科幻电影史上具有里程碑意义的《侏罗纪公园》，还是 2015 年再次引爆恐龙热潮，由科林·特雷沃罗导演的《侏罗纪世界》，霸王龙都被推向了陆地上顶级掠食者的神坛（图 3-27）。

图 3-27　凶狠的霸王龙（图片来源：Scott Robert Anselmo, Wikipedia）

科学家通过化石研究，发现另外一种肉食性恐龙体形更大，那就是在《侏罗纪公园3》中将霸王龙"爆头"的棘龙。根据较为零散的化石估测，最大的肉食性恐龙埃及棘龙长约17米，重17吨左右。然而，2014年，一群古生物学家在摩洛哥发现了更加完整的棘龙化石，最主要的是第一次发现了棘龙的下肢化石。他们发现这种恐龙居然有着短小的下肢，而且可能生有脚蹼，有点类似今天看到的企鹅。鉴于棘龙竟然是一个抓鱼吃的巨怪，并且2018年6月18日发表于《白垩纪研究》上的一篇文章认为，位于其头骨顶端的眼睛和后置顶端鼻孔，完全符合前人关于棘龙水生生态学的假说，证明棘龙为水生爬行动物（图3-28），所有的传奇性立刻散去，

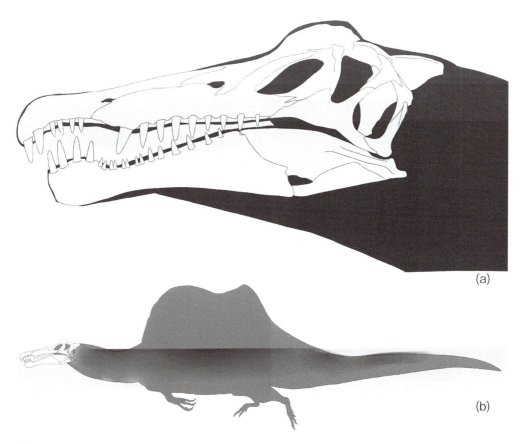

(a)

(b)

图3-28　棘龙水生头部（a）和整体（b）示意图（王子晗绘图）

于是霸王龙就把恐龙王的宝座夺了回来。尽管霸王龙成功维护了自己恐龙王的地位，但它的那对"小短手"还是让人忍俊不禁。

当合川马门溪龙和果壳綦江龙漫步森林中时，是不用担心霸王龙会突然跳出来攻击它们的。霸王龙生活在距今 6850 万～6600 万年的白垩纪晚期，比重庆大型蜥脚类恐龙晚了近 1 亿年。这就好比我们在电影院观看《侏罗纪世界》时，不会担心秒杀暴虐龙的沧龙会出现在我们面前一样。侏罗纪时期，这些植食性恐龙同样不会过得无忧无虑，天敌依然存在。侏罗纪时期的恐龙王又是谁呢？答案就要到重庆地区来寻找，因为正是这里，出土了侏罗纪时期真正的霸主——永川龙。

1976 年初夏一日，天慢慢阴沉下来，中午如同黑夜，突然间雷鸣电闪，暴雨倾盆，混有泥浆的水漫过堤坝冲向下游，把坝身冲刷成条条竖沟。雨停后，永川上游水库建设指挥部职工陈诗能去水库察看灾情。瞬间，他的视线停留在一个物件上，那是离库坝约 200 米的下方，一个灰白色的东西凸现泥基地，像一个动物头颅紧紧地和红棕色石岩镶嵌一体。莫非是化石，此念头一闪而过，但是凭陈诗能所掌握的知识显然很难说清。随后陈诗能叫来其他人，大家都认为很像化石，但无论如何都应当立即上报，于是他们就先用青藤将其覆盖保护起来。当时的地方政府接到消息，电话恳请位于重庆北碚的四川省重庆自然博物馆介入考察，博物馆第二天派出专家张奕宏等二人急切赶赴永川。

大雨肆虐，坝下凌乱不堪，张奕宏来到现场，掀开青藤揩净石上泥渣又用卷尺比量。只见他突然起身，欣喜若狂道："知道是什么吗？宝贝，宝贝啊！"张奕宏继续说，"这的确是恐龙头部"。如果判断没错，从头形及颌骨牙齿看属肉食性恐龙，这种恐龙在恐龙王国凤毛麟角，弥足珍贵。

这是《重庆晚报》对上游永川龙发现情景的报道。

中国科学院古脊椎动物与古人类研究所恐龙研究专家董枝明先生到永川现场指导发掘工作，最后将一具保存近乎完整的骨架化石套箱运往当时的四川省重庆自然博物馆进行研究，标本也就一直保存在目前的重庆自然博物馆。这具恐龙化石头骨保存完整，脊椎包括完整的颈椎、背椎和12节尾椎。前肢缺失，后肢保存了股骨、胫腓骨和距骨。同样是我国古脊椎动物学奠基人杨钟健先生主持研究工作，鉴于这只恐龙发现于永川上游水库，故将其命名为上游永川龙（图3-29）。这只恐龙体长近8米，属大型动物，但异常灵活机敏，牙如绞肉机，即使身躯远大于它的植食性

图3-29　上游永川龙（张宗达绘图）

恐龙见到它也是甘拜下风早早逃生为妙，它是侏罗纪时期当之无愧的霸主。我国第一部恐龙专题科教片就是展示了上游永川龙发掘、修复和研究过程的《永川龙》。中国香港邮政于 2014 年发行的"中国恐龙"系列邮票仅展示 6 种中国发现的独特恐龙，上游永川龙就占有一席之地。中国邮政于 2017 年发行的《中国恐龙》特种邮票，上游永川龙同样榜上有名。

1973 年 9 月，还在上游永川龙发现之前，当时的永川县红江机械厂进行基建，在挖掘工厂地基时，工人们发现了恐龙化石。化石露头一出现就得到了该工厂领导和工人的重视，给予了现场保护，并及时通知了四川省重庆自然博物馆。馆里的周世武、李宣民和蓝栋耀闻讯立即赶到现场，进行了勘查和发掘。这次发掘的恐龙化石不那么完整，包括一个保存不完全的头骨，脊椎保存 4 个颈椎、6 个背椎、1 个完整的荐椎和 8 个尾椎，腰带部分保存一块肠骨和坐骨，肢保存后肢的右股骨和 2 个趾骨。

这一标本在重庆自然博物馆一放就是 3 年，直到上游永川龙的发现和研究才让人再次想起了它。没想到这个标本相比上游永川龙体型更大，刚刚封王的上游永川龙不得不把桂冠递给了这只恐龙。其巨大头骨全长 111

图 3-30　巨型永川龙（张宗达绘图）

厘米，最大高度65厘米，较上游永川龙全长78厘米、高50厘米的头骨大了不少，我们估算该恐龙体长超过10米。巨型永川龙（图3-30），正如它名字所叫的那样，可谓永川龙中的龙头老大。

永川龙是一种生活在距今1.6亿～1.45亿年的中晚侏罗世的大型肉食性恐龙，因标本首先在重庆永川发现而冠以"永川"之名。不过，并不是所有的永川龙都是来自永川，和平永川龙就发现于四川自贡。不要被它"和平"的头衔所欺骗，其实它同样是一个无肉不欢的"暴君"，一点都不喜欢与别人和平相处。同样，发现于重庆南岸的南岸永川龙（图3-31）也不是出自永川。

永川龙正是随着四川盆地古环境的变化而登上进化的历史舞台，而后随着依赖的环境消失而停止前进步伐的。在环境适合它们时，它们忘乎所以地称王称霸；而当环境变化时，它们纵然拥有强壮的身体、凶悍的性格、

图 3-31 南岸永川龙（张宗达绘图）

无穷的力量也是枉然，在自然界面前仍旧显得那么渺小，那么不堪一击。它们统治了四川盆地几百万年，而在地质历史发展的过程中也只不过是匆匆过客。不过当科学家从岩石中挖掘出来四川盆地昔日的霸主时，也不禁为盆地旧时主人的身躯和风采所震撼，不由地就开始了两代王朝的对话。人们在惊奇自然界生物进化成就的同时不禁也反思自身，追忆那个恐龙漫步四川盆地的年代（图 3-32）。

图 3-32　凶猛的掠食者（张宗达绘图）

第四章
"砥砺前行"的恐龙世界

　　1993 年，《侏罗纪公园》将已绝迹于 6600 万年前的史前庞然大物复活以后，恐龙的热度在大众心中持续高涨。畅销书作家迈克尔·克莱顿创造性地把整个故事建立在了当时的最新研究上：古遗传学研究、DNA 拼接复原、脑洞大开地从琥珀中提取了史前蚊子身体中的恐龙血液，然后培育繁殖恐龙；而导演斯皮尔伯格的荧屏版本更是塑造了一代人对于恐龙的印象——和蜥蜴一样的粗糙皮肤和鳞片、从棕到绿的暗淡颜色、体型惊人、制造可怕的破坏⋯⋯延续到今天，大部分人心中的恐龙、依然是这样的形象（图 4-1）。

　　20 多年以来，科学家除了在不断地发现恐龙化石新材料，还利用许多新方法和新技术，如计算机断层扫描（CT）和同步辐射成像、稳定同位素学、复杂的生物力学、复杂的比较系统学、计算机模拟、骨组织学，甚至大数据的方法研究恐龙，由此得到了很多有趣的结论。必须要说的是，这 20 多年来，中国的恐龙研究取得了举世瞩目的成就，河南、湖北、山东、内蒙古、新疆、甘肃、重庆，当然还有著名的辽西，成为越来越重要的化石发现地，越来越多的突破性研究是由中国科学家做出的。中国是世界上恐龙化石最丰富的国家之一，让我们通过中国恐龙研究的辉煌历史一睹恐龙世界的风采。

图 4-1　霸王龙头部复原图（图片来源：pixbay）

第一节　　重庆恐龙新世界

1. 与龙共眠

綦江区因境内有一条源于贵州的綦江而得名。其实古时候这条江有一个独特的名字，叫作夜郎溪，因江水色如苍帛，或是受"夜郎自大"这一成语的影响，此江后来被改名为綦江（因"綦"字有苍青色的意思）。綦江地区自古人文阜盛，题刻寺观众多，加之地势高峻，自古以来兵祸不绝，多寨堡要塞，《綦江县志》中对此地的描述有这样一句话，"多险要，水草无缺，储峙有资守御之攻"。

莲花保寨位于綦江区三角镇老瀛山半山腰，寨内保存了多个不同朝代的石刻，其中有确切纪年可考的最早题记出自南宋宝祐四年（公元1256年）。清道光十九年（公元1839年），负责编撰《綦江县志》的官员查阅前代古籍证实了上述历史，并同样在寨子里留下了题刻。清同治元年（公元1862年）5月，寨子被命名为"莲花保寨"（图4-2），意取有莲花所护佑的山寨堡垒。"莲花"又是由何而来？

2003年5月，綦江县国土资源和房屋管理局王丰平等在三角镇一带考察地质灾害时，听闻老瀛山中有一寨子，寨子里有很多莲花印记。王丰平等觉得这些莲花印记不同寻常，后来邀请相关专家鉴定，这些看似莲花的印记其实是亿万年前恐龙行走时留下的脚印。说到綦江莲花保寨的恐龙足迹，不得不提一个人，那就是古生物学者、科普作家邢立达。早在2007年，邢立达发表了第一篇介绍此处恐龙足迹的科研文章，从此开启

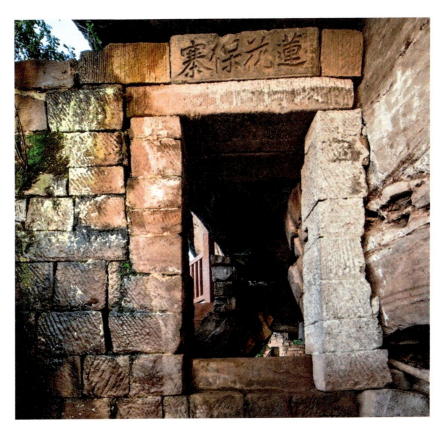

图 4-2 莲花保寨（代辉摄）

了莲花保寨恐龙足迹引起恐龙学界广泛关注之路。接下来的几年，邢立达陆陆续续在国际期刊上发表了多篇此处恐龙足迹的研究成果，并于 2012年 11 月在綦江组织召开了"中国重庆·綦江国际恐龙足迹学术研讨会"。

"中国最完美的鸭嘴龙足迹""中国保存最多的翼龙足迹""世界仅有的两处完美立体恐龙足迹之一"等一系列头衔被赋予綦江莲花保寨恐龙足迹群。下面，让我们来看看这里的恐龙足迹到底有何"过人之处"。

莲花保寨长约 150 米的凹崖腔内陆续发现了以恐龙足迹为主的古脊椎动物足迹化石 600 余个，最密集的一处不到 140 平方米的地面上就发现了足迹化石 300 多个（图 4-3）！当然，该数据还会被刷新，因为大量的足迹化石还被岩石所覆盖，说不定哪个去莲花保寨游玩的人就能成为新的恐龙足迹发现者。

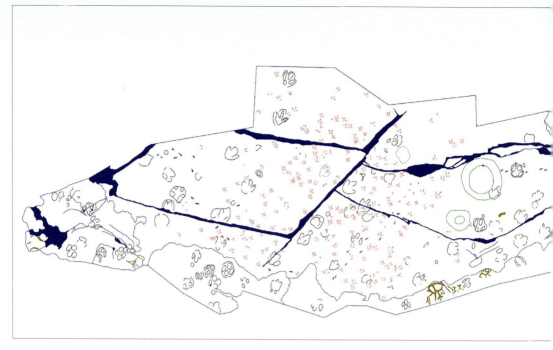

图 4-3 綦江莲花保寨的恐龙足迹分布图（邢立达供图）

不是所有古代在地球上生活过的生物都能够保存为化石，据专家统计，1万个古代生物中，只有1个个体有机会保存为化石。就算成为化石，1万块化石中也就只有1块化石能被人类所发现，这些被发现的化石中可以供古生物学家进行研究的保存较好的化石则更是少得可怜。

在漫长的恐龙时代中，恐龙在地面上行走会留下无数的脚印，如果每个脚印都能保存下来，那简直就是天文数字。然而，我们发现的恐龙足迹化石数量其实是很少的，因为恐龙的脚印要保存为化石更是艰难，而且就算保存下来绝大多数也都残缺不全或者面目全非，由此可见莲花保寨中保存得这么完好的恐龙足迹之珍贵。

仅仅是数量或许还无法打动你，毕竟国内有好几个地方的恐龙足迹数量比这里更多，但莲花保寨恐龙足迹化石群保存的类型可就独树一帜了。在这里，不仅可以看到足迹化石常见的类型凹形足迹，还有凸形足迹、立体足迹、幻迹，而且还发现了在同一个地方保存下来的重叠足迹（共9处）

山城龙迹：走进重庆恐龙世界

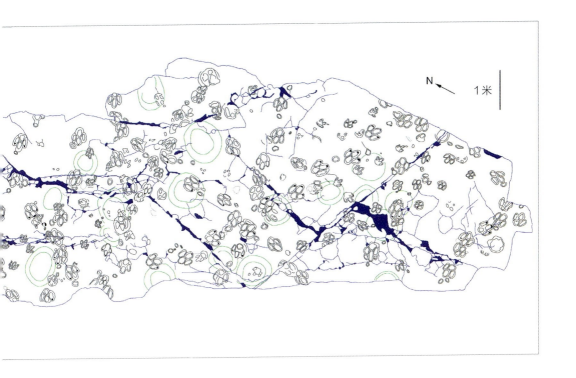

N
1米

图 4-4 莲花保寨中的凹形恐龙足迹
（莲花卡利尔足迹）（邢立达供图）

（图 4-4 ～图 4-7 ）。

凹形足迹，相信大家都很好理解，其实这个才是足迹本身，所以也有真迹的说法，一般保存在岩层的顶面。凸形足迹，指的是凹形足迹被填充后，留在上一层岩层地面所形成的自然铸模。我们知道，常见的岩石其实是由很多层组成的，不同的层来源于各时期不同的沉积物。当造迹者踏下大脚，势必影响到多层沉积物，就像我们用力在一叠纸上写字会印到下面很多层纸上一样。除了直接与造迹者接触的那一层之外，其他层上留下的足迹都被称为幻迹（图 4-8 ）。

图 4-5 莲花保寨中的凸形恐龙足迹（邢立达供图）

图 4-6 莲花保寨中的立体恐龙足迹（代辉摄）

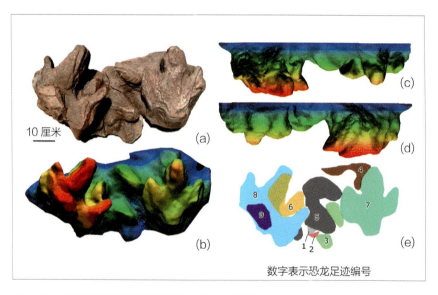

图 4-7 莲花保寨中的重叠恐龙足迹（邢立达供图）

注：图（e）中数字表示恐龙足迹编号

图 4-8 恐龙足迹形成示意图（王子晗绘图）

除了保存类型多种多样外，莲花保寨恐龙足迹群的造迹者也是种类繁多。恐龙就囊括了三大类，有大块头蜥脚类、成群的鸟脚类，还有肉食主义者兽脚类。此外，恐龙时代称霸天空的翼龙和大型古水鸟也曾空降到此，留下了一串串珍贵的脚印（图 4-9～图 4-14）。

现在我们来回答前面提出的问题：莲花保寨的"莲花"一词由何而来？受知识水平与经验认知所限，古人往往习惯于美化乃至神化无法辨识的未知事物，如将不认识的骨骼统称为"龙骨"，无法解释的巨大脚印统称为神迹或者是神仙（兽）遗留，等等。此外，有的想象还会受到原住民对生活环境的观察和生存方式、文化背景的制约，綦江莲花保寨就是一个例子。

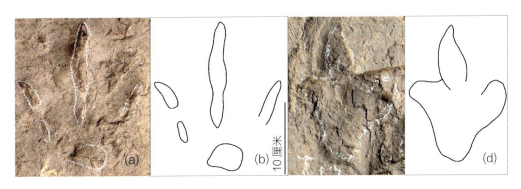

图 4-9　莲花保寨中的兽脚类恐龙足迹（邢立达供图）

图 4-10　莲花保寨中兽脚类恐龙复原图（张宗达绘图）

图 4-11　莲花保寨中的翼龙足迹（代辉摄）

图 4-12　翼龙复原图（张宗达绘图）

山城龙迹：走进重庆恐龙世界

图 4-13　莲花保寨中密布的古水鸟足迹（代辉摄）

图 4-14　大型古水鸟复原图（张宗达绘图）

图4-15 莲花保寨中的波痕（邢立达供图）

图4-16 莲花保寨中泥裂与恐龙足迹保存在一起（代辉摄）

　　莲花保寨的得名与寨子里所发现的历代题刻及古迹并无直接干系，而是源于居民对寨内恐龙足迹和一些地质构造的观察，其想象的要点总结为以下几个方面。

　　（1）波痕：这是想象成水环境的来源。波痕是由风、水流或者波浪等介质的运动在松散沉积物表面所形成的一种波状起伏的层面构造。莲花保寨的岩石层面就保存有不少这种沉积构造（图4-15）。

　　（2）泥裂：被古人想象成荷叶的支脉。泥裂是沉积物露出水面因曝晒干涸所产生的收缩裂缝，它们往往都会被后期的沉积物所填充。莲花保寨的入口崖壁上，就保存有一处呈网格状的龟裂纹（图4-16），形似被放大的荷叶支脉，其实在整个莲花保寨可以看到大量的这种泥裂构造。

图4-17 鸭嘴龙复原图（张宗达绘图）

（3）鸟脚类恐龙足迹：被古人引申为莲花。这里的鸟脚类恐龙足迹的造迹者为鸭嘴龙（图4-17），鸭嘴龙足迹是整个寨子中保存数量最多、形态最完整的足迹。其三趾和跖趾垫（脚板）在沉积物上留下的脚印，在形态上酷似莲花盛开的花瓣（图4-18）。

图 4-18　神似莲花的鸟脚类恐龙足迹（邢立达供图）

（4）莲花保寨内多处保留的波痕、泥裂、遗迹化石（图4-19）等相互交叠绵延，给予古人"莲叶何田田"的想象空间，也坚定了古人对"莲花"这一意象的认定。

（5）巴蜀地区自古以来就是缅甸、越南和中国云南、贵州、四川及附近地区，乃至西

图 4-19　莲花保寨中的遗迹化石（代辉摄）

域中亚一带贸易往来的交通枢纽，佛教信仰极为兴盛，对佛法象征的"莲花"这一意象的认知深入民间。莲花保寨中这些酷似"莲花"的鸭嘴龙足迹，恰与"地涌金莲"的神迹传说不谋而合。

山城龙迹：走进重庆恐龙世界

图4-20 莲花保寨及古人居住假想图（张宗达绘图）

图 4-21　莲花保寨恐龙生活场景复原图（张宗达绘图）

　　从水、荷叶、莲花，再到佛法护佑，构成了古人完整的想象，使得莲花保寨的传说在当地流传至今。

　　寨子中最早的题刻显示，至少从南宋时期就有人在此居住，2016 年底我们还在寨子内发现了古人生活过的厨房遗址。长达 700 余年的人文古迹与亿万年的恐龙足迹共存，在中国乃至世界都极为罕见，体现了道法自然的和谐新概念（图 4-20 和图 4-21）。

2. 璀璨的新星

　　重庆，素有"建在恐龙脊背上的城市"之称，在这片约 8.24 万平方公里的土地上，一半以上的区（县）都发现有恐龙化石，并且有"合川马门溪龙"和"上游永川龙"这两个享誉世界的恐龙明星。2015 年，在重庆发现了一处恐龙化石集中埋藏的地方，不论规模还是科学意义都堪称"世界级"。

图 4-22　磨刀溪畔的普安（李柒摄）

　　有着"百里生态走廊"之誉的磨刀溪是长江一级支流，发源于石柱东部，流经湖北利川、重庆万州，在云阳汇入长江上游右岸（图 4-22）。2015 年年初，只有 18 岁的清水土家族乡钢厂村村民周政，跟随师傅学习挖掘机技术来到普安乡老君村。有一天，闲来无事又热心助人的周政便主动帮助周围村民上山放牛。当时，周政在放牛时带了村民家一只小狗，小狗在刨土时，不经意间刨出了几节粗壮的"骨头"。意识到不同寻常的周政立刻联系了重庆市云阳县文物保护管理所，副所长陈昀又报告给重庆中国三峡博物馆三峡古人类研究所所长魏光飚，魏光飚立刻安排重庆中国三峡博物馆的陈少坤博士到现场鉴定。经鉴定，这些"骨头"为恐龙化石！在周政之后，周围的村民又相继发现了一些恐龙化石的露头，如第三章第二节中讲到的程海平，渐渐隐藏亿万年的云阳普安恐龙动物群呈现在世人面前。

　　发现恐龙化石之后，重庆市国土资源和房屋管理局立即委派重庆市地质矿产勘查开发局 208 水文地质工程地质队开展此处的恐龙化石

图 4-23　云阳普安恐龙化石露头（谭超摄）

山城龙迹：走进重庆恐龙世界

调查和保护工作。不调查不知道，这里还是一个恐龙窝！化石露头分布沿地层走向横跨重庆云阳的普安、新津、龙角、故陵 4 个乡（镇），长度达 15 公里。目前，我们将化石露头密集区分为五个区。该数据还只是目前的调查结果，还有可能继续被刷新。千万不要小看这些零零散散的化石露头，它们就像化石群的一盏盏指示灯，沿着露头往下挖，或许还能发现一大片化石世界（图 4-23）。

重庆云阳恐龙化石资源丰富、意义重大，但其位于风化泥岩地区，化石富集区为耕作养殖地，风化严重，且地表水、地下水侵蚀严重，还有化石盗采盗挖现象，化石保护工作十分困难。鉴于云阳普安恐龙化目前正遭受不同程度的破坏，为了科学地研究和保护这批珍贵的恐龙化石，重庆市地质矿产勘查开发局 208 水文地质工程地质队向国土资源部提交了发掘申请。2016 年 9 月 9 日，国家古生物化石专家委员会办公室在重庆组织了云阳恐龙化石发掘申请专项审查会；9 月 21 日，国土资源部办公厅下达同意重庆云阳恐龙化石发掘方案的批文。

进行发掘的恐龙化石层位于距今约 1.6 亿年的中侏罗统沙溪庙组下段紫红色泥岩中，化石层为反向陡倾地层，倾角约 55°（图 4-24）。想要看到化石层，就需要剥离上覆的盖层。为了避免化石盖层剥离时对化石层造成损坏影响，我们将剥离盖层划分为大型机械剥离层、小型机械剥离层、人工剥离层和化石层，严格遵循自上而下的分层进行盖层剥离。经过近一年的工作，形成了一面长约 150 米、高 6～8 米的化石墙，云阳普安的恐龙化石才逐渐展露到世人面前（图 4-25 和图 4-26）。

从目前调查结果来看，重庆云阳含恐龙化石地层主要为中侏罗统新田沟组（距今约 1.7 亿年，以四区为代表）和中侏罗统沙溪庙组下段（距今约 1.6 亿年，以一区为代表），沙溪庙组上段也发现有零星恐龙化石。整个区域恐龙化石分布范围广，露头分布超过 15 公里，其中一区化石数量大且分布密集，包含蜥脚类、兽脚类、鸟脚类和剑龙类恐龙化石，以及似哺乳爬行动物三列齿兽化石，四区化石完整度较差但恐龙动物群种类丰富，不仅有恐龙化石，还有蛇颈龙类、龟类、鳄类和鱼类化石。

图 4-24　重庆云阳恐龙化石发掘现场地貌（李柒摄）

　　早侏罗世晚期至中侏罗世，地球上出现了世界性的海侵，浅海侵入许多大陆的腹地。这种海侵的结果，造成了早－中侏罗世陆相沉积地层匮乏。各大陆这一时期少量分布的陆相沉积地层的特征表明，它们可能是在荒原和戈壁的环境下形成的堆积。这些地方植被稀少，动物贫乏，食物来源非常有限，大型脊椎动物难以生存，所以三叠纪大量繁盛起来的四足动物，包括大型恐龙，在这一时期急剧锐减，保存下来的化石不仅贫乏，而且破碎。这种化石的贫乏，使得我们对恐龙的系统发育关系一直缺乏完整的概念，恐龙动物群的许多演化关系在这一时期被中断。因此，全世界范围内，

山城龙迹：走进重庆恐龙世界

磨刀溪

普安乡

新农村

　　只要是在中侏罗世时期的地层中发现大规模的恐龙化石埋藏，对于整个恐龙演化的研究都具有重大意义。例如，自贡地区中侏罗世蜀龙动物群的出现，就衔接了恐龙演化过程中一些缺失的链环。

　　重庆云阳一区恐龙化石资源丰富，时代上与自贡地区蜀龙动物群重合，目前来看具有新类型的材料，对一区恐龙动物群的研究，可以丰富四川盆地蜀龙动物群的组合。其实，在禄丰龙动物群与蜀龙动物群之间，仍然有一段恐龙演化的缺失，反映到地层上就是下侏罗统的自流井组与中侏罗统的新田沟组地层中的恐龙化石。

图 4-25　重庆云阳恐龙化石发掘现场（李柒摄）

图 4-26　恐龙化石墙的一部分（余海东摄）

在四川珙县石碑乡、威远庆卫镇和铺子湾镇、自贡凉水井、凉山会理和重庆渝北花石沟等多处自流井组地层中均发现有恐龙化石,但不具规模,研究程度很低。新田沟组地层只有达州七里香、资中金李井镇和五皇乡发现过恐龙足迹,还有不翔实资料记载过四川盆地几处蜥臀类恐龙零散骨骼化石,由于材料较差,未进行研究和地层核实。由此可知,新田沟组相比自流井组,恐龙化石发现更为稀少。

重庆云阳四区恐龙动物群产出地层为新田沟组,是重庆地区首次在新田沟组地层中发现可进行研究的恐龙化石材料,也是我国首次在新田沟组发现规模较大、种类较丰富的恐龙动物群,全世界范围内该时期的恐龙化石记录都极其贫乏。对重庆云阳四区恐龙动物群的研究能够填补恐龙演化序列上禄丰龙动物群至蜀龙动物群演化序列上的一段空白,具有重大的科研价值(图4-27~图4-34)。重庆云阳恐龙动物群的发现得到了各级政府的高度重视和各方面专家的悉心指导(图4-35~图4-38)。

1.6亿年前的侏罗纪时期,重庆云阳地区还没有长江和高山,只有遍布的古湖泊群。成群的、不同种类的恐龙生活于湖边,湖中还有上龙等大型水生爬行动物生活。多次突发的灾害事件(如大洪水、泥石流等)导致大量恐龙死亡,在河流汇入湖泊的三角洲地带,河水流速减缓,其携带的大量恐龙骨骼随之沉积下来并埋藏于此形成化石。所以,我们目前看到云阳化石墙上的恐龙化石都比较零散。当然也有少数比较集中埋藏的,可能是恐龙死亡的地方离埋藏地较近,使得搬运距离不远而没有完全被水流冲散(图4-39)。

正如第三章第二节所述,生存时代更早的基干蜥脚型类恐龙化石其实也是发现于云阳县普安乡老君村,这说明了什么呢?就保存的化石证据来看,各种恐龙在重庆云阳地区至少持续生活了2000万年,这里较完整地记录了该区域侏罗纪时期的古环境、古生态信息,是研究四川盆地侏罗纪时期恐龙物种更替、形态演变及环境变化的理想区域。

重庆以往发现的恐龙化石,基本都是单一地点、单一时代的单一骨架或零散骨骼化石,没有成群的、多种类的恐龙化石集中埋藏在一个地点被发现。云阳普安恐龙化石物种多样性极高，埋藏数量如此巨大，属重庆首次发现，在世界范围内亦属罕见。

重庆云阳恐龙化石埋藏地毗邻云阳龙缸国家地质公园，两者联合可望申报世界地质公园。对恐龙化石埋藏地进行科学合理的规划、利用、建设，可以形成一个以"龙＋缸"旅游环线为特色的地质旅游模式；产地旁边即为"百里画廊"磨刀溪，风景优美，可以建设恐龙博物馆与恐龙主题乐园，发展巴渝民宿等，用绿色旅游经济推动生态文明建设和实现三峡库区的精准扶贫。

我们知道，重庆38个区（县）中大部分区（县）都有恐龙化石发现，

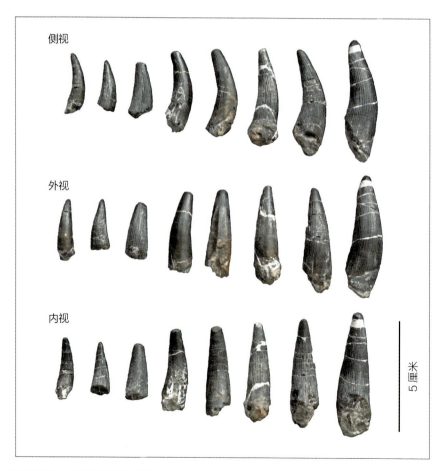

图 4-27　蛇颈龙类牙齿化石

图 4-28 三列齿兽化石

图 4-29 龟类化石

图 4-30 兽脚类恐龙下颌骨化石

图 4-31 剑龙类恐龙化石

图 4-32 蜥脚类恐龙髂骨化石

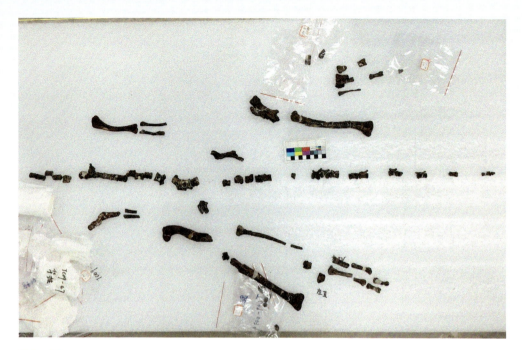

图 4-33　鸟脚类恐龙化石

图 4-34　集中埋藏的兽脚类恐龙化石

图4-35　重庆云阳现场召开的学术研讨会及认领化石村协议签订仪式

图4-36　在化石修复基地召开学术研讨会

图 4-37　徐星研究重庆云阳恐龙化石

图 4-38　徐星（左一）、尤海鲁（左二）和彭光照（左三）等讨论重庆云阳恐龙化石

  山城龙迹：走进重庆恐龙世界

除了上述恐龙化石之外，还有：

1978年，重庆市博物馆杨兴隆、李宣民根据忠县粮站工人提供的线索，在重庆忠县粮站中侏罗统沙溪庙组上段地层中采掘到一串共19节尾椎，经董枝明等（1983）鉴定，归入合川马门溪龙。

1981年，四川省地质矿产勘查开发局川东南地质大队在开展煤炭地质普查工作中，根据当地村民提供的线索，在重庆北碚同兴乡砖瓦村飞蛾山中侏罗统新田沟组地层中发现一恐龙化石产地。1982年9月，四川省地质矿产勘查开发局川东南地质大队发掘获得了3个原始蜥脚类恐龙的个体材料，经董枝明初步鉴定为蜀龙亚科。1990年王长生对化石产地的地质情况作了简要记述，但化石标本至今未描述。

1983年，重庆航标站在重庆南岸区野猫溪修建房屋工程中，在中侏罗统沙溪庙组下段中部砂岩层中发现39个恐龙足迹，重庆自然博物馆采回33个。

1990～1993年，四川省地质矿产勘查开发局川东南地质大队在开展1∶5万悦来、静观、九龙场等五幅区域地质调查工作时，在渝北花石沟下侏罗统自流井组地层发现恐龙化石点。2000年，重庆自然博物馆组织技术人员在花石沟化石点开展了少量的调查工作，并采集了部分化石。2017～2018年，重庆市地质矿产勘查开发局107地质队对该区域恐龙化石进行调查，额外又在渝北杠上下侏罗统自流井组地层和渝北三元桥中侏罗统沙溪庙组地层中发现了恐龙化石点。

1998年，重庆市地质矿产勘查开发局107地质队在进行1∶5万垭城寨、万县幅区域地质调查工作时，在万县（现万州区）新田镇中侏罗统沙溪庙组下段地层中发现了一些恐龙骨骼化石，初步鉴定为蜀龙属。2018年2月，重庆市地质矿产勘查开发局107地质队又对该地区进行了踏勘，发现恐龙化石露头沿地层走向分布范围较广。

2016年11月，根据重庆市綦江区国土资源和房屋管理局提供的线索，中国地质大学（北京）副教授邢立达和重庆市地质矿产勘查开发局208水文地质工程地质队相关技术员，在重庆市綦江区郭扶镇永胜村下白垩统

图 4-39　重庆云阳恐龙集群埋藏复原图（张宗达绘图）

夹关组地层中发现恐龙足迹化石点，并经研究确定有鸟脚类和蜥脚类恐龙足迹。

　　受资料搜集和作者水平所限，这里仅仅选取了一部分重庆地区发现的恐龙化石进行展现。不管是历史上还是近年新的发现，中生代沉积地层广泛分布的重庆地区发现恐龙化石已经不是新鲜事。

中国恐龙研究现状

中国恐龙化石的研究最早可以追溯到20世纪初，俄罗斯人在黑龙江流域组织的野外考察和发掘活动，至今已有百余年的历史。从零星的发现到遍及全国的化石点，从有限的种类到涵盖几乎所有恐龙类群，从国外学者主导研究到中国人占据热点研究方向，恐龙研究已经成为中国古生物学中最具国际影响力的学科方向之一。中国已记述恐龙属种约170个，涵盖了恐龙中几乎所有主要类群。目前，我国中生代陆相地层中保存了5个连续的恐龙动物群，分别为早侏罗世禄丰龙动物群、中侏罗世蜀龙动物群、晚侏罗世马门溪龙动物群、早白垩世鹦鹉嘴龙动物群和晚白垩世鸭嘴龙动物群，它们可以进一步划分为10个恐龙组合（表4-1）。

中国著名的恐龙化石产地，主要为云南禄丰（图4-40）、四川自贡（图4-41）、新疆准噶尔盆地、甘肃马鬃山、辽宁朝阳、内蒙古二连浩特、黑龙江嘉荫、山东诸城（图4-42）和莱阳，当然还有2015年之后才发现的重庆云阳和吉林延吉。其中，云南禄丰主要为早、中侏罗世的恐龙，四川自贡主要为中、晚侏罗世的恐龙，新疆准噶尔盆地主要为晚侏罗世、早白垩世的恐龙，甘肃马鬃山和辽宁朝阳主要为早白垩世的恐龙，内蒙古二连浩特主要为早、晚白垩世的恐龙，黑龙江嘉荫、山东诸城和莱阳主要为晚白垩世的恐龙。新发现的重庆云阳为中侏罗世早期至晚侏罗世的恐龙，吉林延吉为早白垩世晚期至晚白垩世早期的恐龙。

特别需要提到的是，重庆云阳恐龙化石资源非常丰富，露头分布超过15公里，目前调查发现的密集区就包括四个区域。其中，一区恐龙化石

表 4-1 中国恐龙动物群

时代		动物群	动物群中主要成员
白垩纪 K	晚白垩世 K₂	鸭嘴龙动物群（Hadrosaur Fauna）	①兽脚类：特暴龙（*Tarbosaurus*）、疾走龙（*Velociraptor*）、窃蛋龙（*Oviraptor*）、南雄龙（*Nanshiumgosaurus*） ②蜥脚类：华北龙（*Huabeisaurus*） ③甲龙类：绘龙（*Pinacosaurus*）、克氏龙（*Crichtonsaurus*） ④鸭嘴龙类：满洲龙（*Mandschurosaurus*）、青岛龙（*Tsintaosaurus*）、巴克龙（*Bactrosaurus*） ⑤角龙类：原角龙（*Prororceratops*）
	早白垩世 K₁	鹦鹉嘴龙动物群（Psittacosaurus Fauna）	①兽脚类：尾羽龙（*Caudipteryx*）、中国鸟龙（*Sinornithosaurus*）、小盗龙（*Microraptor*）、北票龙（*Beipiaosaurus*）、阿拉善龙（*Alxasaurus*） ②蜥脚类：戈壁巨龙（*Gobititan*） ③禽龙类：原巴克龙（*Probactrosaurus*）、兰州龙（*Lanzhousaurus*）、马鬃龙（*Equijubus*） ④角龙类：鹦鹉嘴龙（*Psittacosaurus*）、古角龙（*Archaeoceratops*）、辽角龙（*Liaoceratops*）
侏罗纪 J	晚侏罗世 J₃	马门溪龙动物群（Mamenchisaurus Fauna）	①兽脚类：永川龙（*Yangchuanosaurus*）、中华盗龙（*Sinraptor*）、冠龙（*Guanlong*）、左龙（*Zuolong*） ②蜥脚类：马门溪龙（*Mamenchisaurus*） ③剑龙类：沱江龙（*Tuojiangosaurus*）、重庆龙（*Chungkingosaurus*）、嘉陵龙（*Chialingosaurus*） ④鸟脚类：盐都龙（*Yandusaurus*）、工部龙（*Gongbusaurus*）
	中侏罗世 J₂	蜀龙动物群（Shunosaurus Fauna）	①兽脚类：气龙（*Gasosaurus*）、四川龙（*Szechuanosaurus*）、单嵴龙（*Monolophosaurus*） ②蜥脚类：蜀龙（*Shunosaurus*）、峨眉龙（*Omeisaurus*）、酋龙（*Datousaurus*）、大山铺龙（*Dashanpusaurus*） ③鸟脚类：灵龙（*Agilisaurus*）、晓龙（*Xiaosaurus*）、何信禄龙（*Hexinlusaurus*） ④剑龙类：华阳龙（*Huayangosaurus*）
	早侏罗世 J₁	禄丰龙动物群（Lufengosaurus Fauna）	①兽脚类：中国龙（*Sinosaurus*）、双嵴龙（*Dilophosaurus*） ②蜥脚形类：禄丰龙（*Lufengosaurus*）、云南龙（*Yunnanosaurus*）、金山龙（*Jingshanosaurus*） ③有甲类：大地龙（*Tatisaurus*）、卞氏龙（*Bienosaurus*）

资料来源：董枝明等，2015

图 4-40　云南禄丰世界恐龙谷

图 4-41　四川自贡恐龙博物馆

图 4-42　山东诸城暴龙馆

资源最为丰富，时代上与自贡大山铺接近，已发掘形成长约 150 米、高约 8 米的恐龙化石墙（图 4-43）。目前来看具有新属新种的材料，一区恐龙动物群可以丰富四川盆地蜀龙动物群的组合。四区含恐龙化石地层为中侏罗世早期沉积的新田沟组，这一时代的恐龙化石发现在世界范围内都非常贫乏。重庆云阳四区恐龙动物群组合较丰富，既有恐龙化石，也有蛇颈龙类、龟类和鱼类化石，对其进行研究能够填补恐龙演化序列上禄丰龙动物群至蜀龙动物群的这一段空白。

山城龙迹：走进重庆恐龙世界

图 4-43　重庆云阳恐龙化石墙

第三节　恐龙研究重大发现[①]

1. 长着羽毛的恐龙

自 1842 年欧文命名 "Dinosauria" 以来，恐龙作为被鳞片状皮肤所覆盖的大爬虫这一形象，就在普通大众甚至科学家的心中根深蒂固了。2018年上映的电影《侏罗纪世界 2》中的霸王龙仍然还是这一经典形象，对于影视作品本无可厚非，或许导演觉得披着羽毛的霸王龙不够霸气。其实，早在 1996 年，中华龙鸟的发现就颠覆了恐龙 "身披鳞片状皮肤" 这一观念。

1996 年，中华龙鸟化石在中国辽西被发现（图 4-44）。由于当地岩层提供了绝佳的保存条件，化石上的皮肤衍生物和部分软组织都被保存了下来，从头到尾，一圈纤维状的印记将 1 米左右的完整骨骼化石紧密包围。这一发现震惊了古生物学界，以至于最初的研究者甚至将其误认为鸟类，以 "中华龙鸟" 命名。随后经过骨骼特征的详细对比，确定这只带有原始丝状羽毛的生物属于美颌龙类。

一身绒毛让恐龙变得温顺可爱，但对于科学研究而言，这一发现的意义不仅仅在于颠覆形象：鸟类的祖先是长着原始羽毛的，现代鸟类复杂的羽片可能就从这种纤维结构演化而来。这为现代鸟类起源于恐龙扣上了关

[①] 　徐星推荐：20 年来恐龙研究的 10 大颠覆性发现[EB/OL]，https://www.guokr.com/article/ 440415[2018-09-10].

图 4-44　中华龙鸟标本
（图片来源：Laikayiu, Wikipedia）

图 4-45　赫氏近鸟龙标本（徐星供图）

键一环。对于中华龙鸟的研究仿佛一把钥匙，开启了一段寻觅更多带羽毛恐龙的旅程。

2009 年 3 月，中国古生物学家在辽宁建昌发现了距今约 1.6 亿年的"孔子天宇龙"，该化石的颈部、背部、尾巴都有类似羽毛的压痕；2009 年 9 月，中国古生物学家在同一地区又发现了带羽毛恐龙化石"赫氏近鸟龙"（图 4-45），证明了在始祖鸟之前确实有带羽毛的恐龙（图 4-46）——这一发现打

图 4-46　赫氏近鸟龙复原图（徐星供图）

破了以往令鸟类起源于恐龙的支持者尴尬的"时间悖论"，成为鸟类起源于恐龙的重要证据之一。2012年，辽西地层中发现的华丽羽王龙化石（图4-47），改变了科学界认为羽毛只出现在小型兽脚类恐龙身上的认知，让狂野的暴龙也长上了丝状的羽毛（图4-48）。这些研究一步步证实了羽毛在恐龙中的广泛分布，恐龙从此改变了它们最大的体貌特征：从丑陋的蜥蜴皮，变成了华丽的披毛者。

图 4-47　华丽羽王龙标本（徐星供图）

图 4-48　华丽羽王龙复原图（徐星供图）

2. 会飞的恐龙

羽毛对于恐龙来说，或许是起到保温的作用，也有可能只是一种展示作用，但恐龙确实是会飞的。2000 年，徐星等命名了一种赵氏小盗龙（图 4-49），推测这种恐龙可能比始祖鸟还小，进行树栖生活。2003 年，顾氏小盗龙这一恐龙研究史上的"奇葩"横空出世。这种恐龙长有四只翅膀，并且前后肢都有适于飞行的不对称羽毛。它爬树的习性将飞行起源的猜想引导至树上——如今鸟类振翅双翼飞行的方式很可能起源自自上而下的四翼滑翔。顾氏小盗龙的惊艳登场，唤醒了古老的"四翼猜想"，也引发了多对翅膀究竟怎么飞的争论，各式各样的飞行动力模型纷纷被提出。

2015 年 4 月，另一种更神奇的恐龙——奇翼龙（图 4-50）被发现，这种神奇的恐龙不仅长有丝状的羽

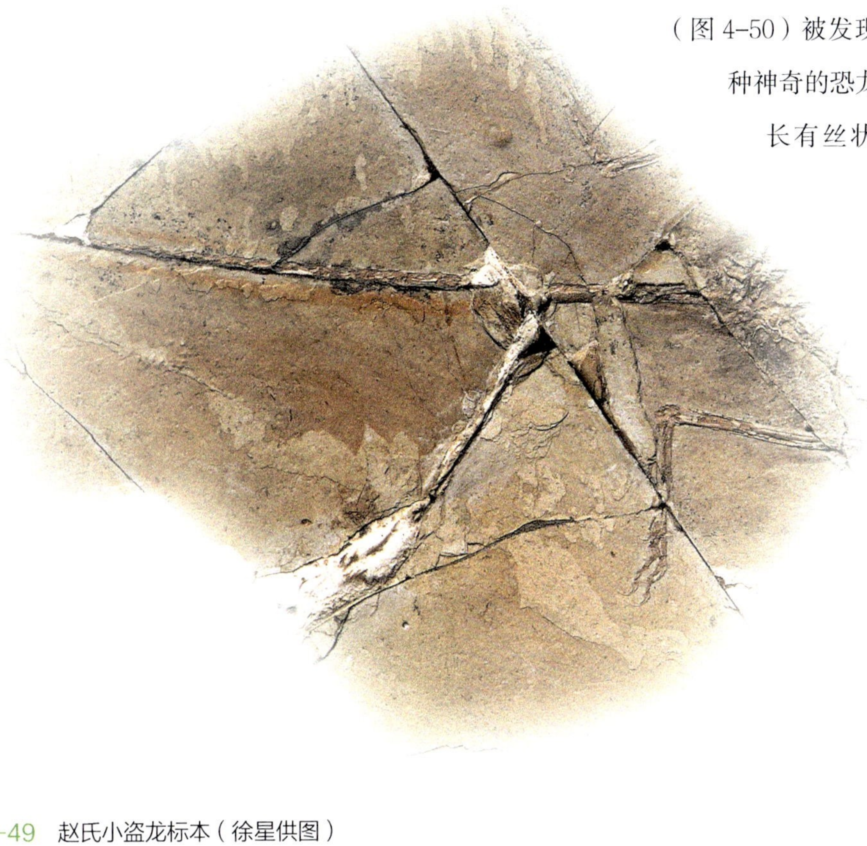

图 4-49 赵氏小盗龙标本（徐星供图）

图 4-50　奇翼龙复原图（邢立达供图）

毛，还长有像蝙蝠一样的翅膀，研究发现它可以依靠翼膜进行飞翔。这种
"奇葩"刷新了我们对恐龙的认知，说明在恐龙到鸟类的演化过程中，充
满了创新尝试，只不过许多演化支系走进了死胡同，只有现生鸟类的飞行
模式延续至今。

3. 绚丽多彩的恐龙

2010年，中国、英国和爱尔兰三国的古生物学家发现了中华龙鸟化石上的黑色素体，首次为恐龙体表颜色复原提供了科学依据。紧接着对近鸟龙、小盗龙等体表颜色进行了复原。古生物学家在这些化石中发现了两种不同的黑色素体：一种为真黑色素，另一种为褐黑色素，这两种色素在现生鸟类的羽毛中均有发现。通过和现代鸟类的对比，古生物学家推测带羽毛的恐龙和古鸟类的身体已经具有以灰色、褐色、黄色和红色为主要色彩的基础。根据它们的排列方式及分布疏密程度，研究者推测中华龙鸟从头顶到背部的颜色为栗色，腹侧偏白，并且长有一条栗色和白色环带相间的长尾巴，就像一只恐龙版的狐猴（图4-51）。

图4-51 中华龙鸟彩色版复原图（图片来源：Robert Nicholls, Wikipedia）

图4-52 小盗龙捕食场景复原图（徐星供图）

这种开创性的方法为恐龙的真实体色提供了复原依据，恐龙从此不再是棕色或者绿色的丑陋家伙。

通过将小盗龙的黑素体与现代鸟类进行对比，发现小盗龙的黑素体很长、很窄，并以片状方向排列，这是现代鸟类产生虹色光泽的几大特征，古生物学家因此推测，小盗龙长有闪烁金属光泽的黑蓝色羽毛——与现在的乌鸦或者美洲黑羽椋鸟类似（图4-52）。这些研究显示，恐龙不仅有着多彩多色的羽毛，还可以通过不同方式形成颜色。

4. 这个恐龙不太"冷"

曾经很长一段时间，人们一直认为爬行动物都是变温动物，隶属爬行动物的恐龙自然也不例外。然而，该结论从19世纪开始就一直受到众多科学家的挑战。2011年，美国科学家收集了来自坦桑尼亚和美国的11颗恐龙牙齿，并分析了牙齿釉质中的同位素 ^{13}C 和 ^{18}O 的含量（在动物的牙釉质中，^{13}C 和 ^{18}O 的丰度与温度相关，温度越高丰度越高），并得出以下结论：体长超过20米的成年腕龙的体温，会稳定在38.2摄氏度，而一些小型圆顶龙的体温则可能只有35.7摄氏度——不管怎样，这样的体温明显比现在鳄鱼的体温高，但是比现在鸟类的体温低。研究人员据此推测，那些体型庞大的恐龙行动起来并没有想象中那么缓慢。

和鸭子一般大小的幼年伤齿龙类，以烤鸭的姿势被保存成化石。2004年，研究者在研究这块化石时忽然发现，它的姿态跟现在鸟类的睡觉姿态类似，嘴巴甚至整个脑袋藏在翅膀下面，双脚缩在肚子下面（图4-53）。

图 4-53 疣鼻天鹅睡觉的姿势（图片来源：pixabay）

(a)

(b)

图 4-54　寐龙化石复原图（a）及化石照片（b）（徐星供图）

这一神奇的恐龙被命名为寐龙。研究者认为，寐龙很可能是在睡觉的过程中，由于火山喷发产生的有毒物质而致死，以至于完美地保持了当时的睡觉姿态（图4-54）。这种休息姿态的作用在于减少体温丧失，所以寐龙的化石标本表明，作为鸟类近亲的伤齿龙类很可能是热血动物。

5. 霸王龙：跑不快，撕咬能力强

霸王龙到底能跑多快？此前科学家争论很大。我们在电影《侏罗纪公园》中，看到了霸王龙能追上汽车的场景。2002年，发表在《自然》上的一篇文章中，研究者通过数学模型对短吻鳄、鸡、人、鸸鹋、鸵鸟等8个物种进行系统分析，测算了快速奔跑（超过40千米/小时）所需要的腿部肌肉质量。最终测算，霸王龙的奔跑速度大约只有18千米/小时——这一速度和马拉松比赛的平均水平相当。

2012年，英国研究者通过CT重建出了霸王龙头骨与下颌的数学模型，

图4-55　霸王龙装架图（图片来源：pixabay）

对霸王龙头骨松散结构与其取食策略的关系进行了研究，发现松散型头骨恰好在霸王龙高强度进食过程中充当了一个减震器。这个减震器能极大地缓解进食过程带来的冲击和肌肉骨骼的疲劳，这让霸王龙拥有了巨大的撕咬能力——数字模型显示，成年霸王龙臼齿的最大咬合力在 3.5 万～5.7 万牛顿（非洲雄狮咬合力大约为 0.48 万牛顿）。此后，还有科学家对霸王龙的生长速率进行研究，这一系列对于霸王龙的研究，更新了这一人们最熟知的恐龙的诸多具体信息。新方法和新技术的运用让科学家能够更加可信地复原灭绝动物（图 4-55）。

6. 脚印、粪化石等遗迹学兴起

除了恐龙骨骼化石，古生物学家还喜欢研究恐龙脚印、恐龙蛋、恐龙粪便甚至是恐龙胃中没有消化完全的食物。保留至今的这些都属于遗迹化石，反映了恐龙在生活时期行走、繁殖、新陈代谢等行为习性留下的证据。1998 年，美国和加拿大的科学家发现，霸王龙的粪便化石中残留有大量（30%～50%）骨头碎片，这一发现不仅有助于人们了解霸王龙食肉的食性，还有助于了解霸王龙的消化系统——食物在霸王龙消化系统内停留的时间还没法让骨头分解掉，这和现在的蛇及鳄鱼是不同的。2005 年，美国科学家发表在《科学》上的一篇文章中提到，研究者在恐龙粪便化石中找到了很多植物内会存在的植硅体，这一发现不仅证明了恐龙会吃草，还证明了禾本科植物是在白垩纪时期诞生并逐渐兴盛的。

2005 年，中国和美国科学家在辽西地区发现一具哺乳动物——强壮爬兽的

6 厘米

(a)

(b)

图4-56　恐爪龙足迹化石（a）及复原图（b）（邢立达供图）

化石，在其胃内找到了一具鹦鹉嘴龙幼崽骨骼，这改变了以往人们普遍认为的恐龙时代的哺乳类都是生活在食物链底层的印象。近20年来，中国乃至全世界的恐龙足迹研究出现了明显的复兴，新的化石点几乎每个月都在增加，大量的研究论文也在不断发表，这些研究结果都扩展了我们从遗迹学角度观看恐龙世界的视野（图4-56）。

7. 恐龙胚胎学开创研究新领域

恐龙蛋我们见得很多，如河南西峡就是著名的恐龙蛋化石产地，然而含有胚胎的恐龙蛋却非常罕见。2012年，加拿大、澳大利亚、美国和南非的古生物学家在南非金门高地国家公园内，发现了距今大约1.9亿年的恐龙蛋化石，这枚蛋内的恐龙胚胎也是迄今发现的最古老的恐龙胚胎。经研究，该巢穴的主人是大椎龙（图4-57），它是生活在距今2亿～1.83亿年的早侏罗世时期的基干蜥脚型类恐龙。研究者还发现，巢穴内一些即

图 4-57　大椎龙胚胎化石（罗伯特·里兹供图）

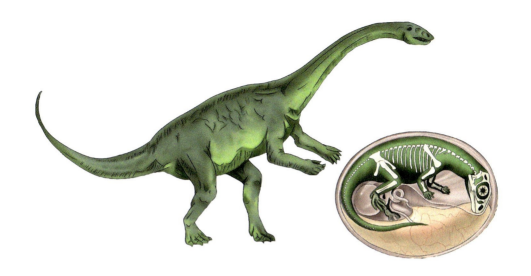

图 4-58　禄丰龙胚胎复原图（王子晗绘图）

将出生的胚胎还没有长出牙齿，这说明它们出生后没有办法自己觅食。此外，在巢穴内还发现了恐龙母亲孵蛋时留下的脚印。这些发现证明，大椎龙出生后会有亲代养育行为。另外研究还显示，这些下蛋的巢穴可能会被重复使用，或者推断大椎龙有集体筑巢的习性——这是已知最古老的栖地忠实性、繁殖集落证据。这一研究发现让人们首次详尽了解到恐龙演化早期的繁殖行为。

2013 年，中国科学家和德国、加拿大及澳大利亚科学家一起，在云南一个恐龙骨骼化石层内发现了含有禄丰龙胚胎骨的化石（图 4-58）。科学家经历了 3 年的挖掘和对不同发育阶段骨骼化石所做的对比研究发现，这些大型恐龙的孵化时间很短，它们在蛋内的生长速度非常快，在蛋内孵化期间，这些恐龙的骨骼就已经为外面的危险世界做好了准备。利用红外线光谱造影系统，科学家还在胚胎骨内发现了保存近 2 亿年的有机物——"胶原蛋白"。这些研究丰富了人们对恐龙生活的整个过程的认知，为恐龙研究领域开拓了全新的视野。

8. 复杂系统学方法的应用

随着近年来分子系统学的快速发展，系统学出现了各种复杂方法，恐龙演化研究也被越来越多地引入相关方法，如用分子系统学动态同源的方法研究兽脚类恐龙的手指同源问题，进而使得长期以来争论不休的鸟类手指同源问题得以解决。许多学者采用比较系统学的各种方法，开始讨论在恐龙演化过程中，从局部结构到整个身体的演化速率。例如，2014年发表在《科学》上的一篇文章显示，在恐龙向鸟类的演化过程中，存在长达5000万年的高速演化期。它们的体重从160多千克一直锐减到0.8千克，体型也渐渐变得精致（体长参考大腿骨的长度），而且这一过程在很多相关的类群中都持续发生（图4-59）。相对于其他恐龙，这些兽脚类恐龙显示出极高的演化速率，它们到鸟类的进化过程并非从巨物迅速成为萌物那么突兀。

图4-59　恐龙向鸟类进化（王子晗绘图）

9. 恐龙起源与灭绝，真相日渐清晰

2.5亿年前的二叠纪末期，发生了有史以来最严重的大灭绝事件，地球上95%的生物在此次事件中灭绝。最早的恐龙就是这样从大灭绝事件之后的废墟演化出现的。目前，已发现的早期恐龙大部分产自南美洲。其中，发现于阿根廷西北部的月亮谷始盗龙和墨氏始驰龙被认为是目前已知最早的恐龙祖先，其生活年代大约为2.3亿年前（图4-60）。2013年，一种发掘自非洲坦桑尼亚中三叠地层的疑似原始恐龙的标本——帕氏尼亚萨龙被报道，这一发现于20世纪30年代，但一直被忽视的恐龙，直到2013年才被正式描述发表。

相比恐龙起源的模糊不清，在恐龙灭绝问题上（图4-61），"小行星撞击说"显然较为广为人知——6500万年前，一颗直径约10公里的小行星与地球相撞，撞击所散发出的尘埃、水蒸气等物质弥漫于大气层，阻

图 4-60　最早的恐龙（埃雷拉龙、始盗龙和板龙）（图片来源：Zach Tirrell, Wikipedia）

图 4-61　电影《侏罗纪世界 2：失落王国》剧照中重现恐龙灭绝场景

隔了阳光，使食物链崩溃，进而导致恐龙灭绝。近 20 年来，科学家仍在不断尝试补充和完善这一假说的细节。2008 年，英国研究人员通过分析印度德干地盾的岩石样本得出如下结论：这一地带的火山在小行星撞击地球前 25 万年，就曾剧烈喷发过，撞击后还持续喷发了 50 万年，喷出的岩浆覆盖了 240 多万平方公里的地面，同时释放出大量有害化学物质。2012 年，美国和德国研究者的研究结果也证实，在小行星撞击地球前，部分恐

龙实际上已濒临灭绝，至少白垩纪晚期恐龙种群在发生剧变。我国相关研究者也证实，恐龙大灭绝并非是一次简单的小行星撞击。

10. 琥珀中的恐龙

电影《侏罗纪公园》中科学家在琥珀内找到吸过恐龙血的蚊子来复活恐龙的场景，可能至今许多人还记忆犹新。但2016年12月，由中国地质大学（北京）副教授邢立达和加拿大萨斯喀彻温省皇家博物馆瑞安·麦凯勒教授领衔的研究团队，找到了一件琥珀中的恐龙标本（图4-62）。

该标本是人类发现的第一个保存着非鸟恐龙的琥珀，被保存在琥珀中的是一只小恐龙的尾部。透过它，距今约9900万年前的恐龙世界正以一种无比真实和"鲜活"的方式展现在人们面前（图4-63）。

恐龙的骨骼化石是了解恐龙的重要材料，但它们往往只能保存硬质结构，而无法留住软组织。相比之下，琥珀中的标本就能提供大量的细节。

(a)　　　　　　　　　　　　　　　　　　(b)

图4-62　琥珀中的恐龙标本（a）和该标本的微CT扫描图像（b）（邢立达供图）

图4-63　琥珀中恐龙标本所属的恐龙复原图（邢立达供图）

图 4-64　恐龙尾巴羽毛上可见许多羽小枝（邢立达供图）

琥珀中的这截毛茸茸的尾巴包含至少8枚完整的尾椎，它们被三维的、具有微观细节的羽毛所包围。为了探清该标本羽毛掩盖下的尾椎结构，邢立达研究团队运用微CT扫描重建了其形态。从骨骼形态上看，它与典型的虚骨龙类（Coelurosauria）恐龙类似。加上来自羽毛的提示，研究者推断该标本属于虚骨龙类下的一个演化支——手盗龙类（Maniraptora）。这件琥珀中的恐龙尾巴上的羽毛并没有发达的中轴（羽轴），却具有许多羽毛小枝，这为羽毛演化发展模式中羽小枝和羽轴谁先演化出来提供了一点线索（图4-64）。

参 考 文 献

保罗·贝莱特 . 2015. 恐龙百科 . 邢立达译 . 北京：北京理工大学出版社 .

董枝明，邢立达 . 2009. 龙鸟大传——恐龙与古鸟的浪漫传奇史 . 北京：航空工业出版社 .

董枝明，尤海鲁，彭光照 . 2015. 中国古脊椎动物志（第二卷）两栖类 爬行类 鸟类
    第五册（总第九册） 鸟臀类恐龙 . 北京：科学出版社 .

董枝明，周世武，张奕宏 . 1983. 四川盆地侏罗纪恐龙化石 . 北京：科学出版社 .

江泓 . 2013. 恐龙纪元——史前霸主的发现和命名 . 北京：人民邮电出版社 .

孟溪，王维，贺一鸣，等 . 2015. 徐星推荐：20 年来恐龙研究的 10 大颠覆性发现 .
    https://www.guokr.com/article/440415/[2018-09-10].

邢立达 . 2006. 恐龙真相 . 北京：航空工业出版社 .

邢立达 . 2007. 化石真相——206 块骨头之外的生命传奇 . 北京：航空工业出版社 .

邢立达 . 2010. 恐龙足迹——追寻亿万年前的神秘印记 . 上海：上海科技教育出
    版社 .

徐星 . 2015. 中国恐龙研究的进展 . 大自然，4:4-9.

易洲 . 2013. 恐龙百科 . 北京：中国华侨出版社 .

张新国 . 2011. 恐龙真相 . 长春：北方妇女儿童出版社 .

周世武 . 1996. 四川恐龙 . 重庆：重庆出版社 .

Arden M S T, Klein G C, Zouhri S, et al. 2018. Aquatic adaptation in the skull of carnivorous
    dinosaurs (Theropoda: Spinosauridae) and the evolution of aquatic habits in spinosaurus.
    Cretaceous Research, 10.1016/j.cretres.2018.06.013.

Dai H, Xing L D, Marty D, et al. 2015. Microbially–induced sedimentary wrinkle structures
    and possible impact of microbial mats for the enhanced preservation of dinosaur tracks
    from the Lower Cretaceous Jiaguan Formation near Qijiang (Chongqing, China).
    Cretaceous Research, 53: 98-109.

Paul S G. 2010. The Princeton Field Guide to Dinosaurs. New Jersey：Princeton University
    Press.

Sampson D S. 2009. Dinosaur Odyssey: Fossil Threads in the Web of Life. London：
    University of California Press.

Weishampel B D, Dodson P, Osmólska H. 2004. The Dinosauria (Second Edition). London：
    University of California Press.